"十二五"职业教育国家规划教材
经全国职业教育教材审定委员会审定

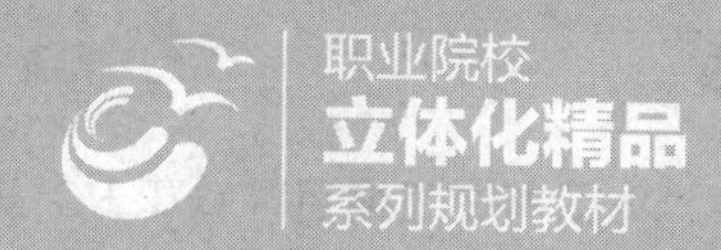

文字录入与编辑立体化教程

马可淳 ◎ 主编
孙丽娜 ◎ 副主编

人民邮电出版社
北京

图书在版编目（CIP）数据

文字录入与编辑立体化教程 / 马可淳主编. -- 北京：人民邮电出版社，2014.7（2021.6重印）
职业院校立体化精品系列规划教材
ISBN 978-7-115-35209-5

Ⅰ. ①文… Ⅱ. ①马… Ⅲ. ①文字处理－高等职业教育－教材 Ⅳ. ①TP391.1

中国版本图书馆CIP数据核字（2014）第063949号

内容提要

本书主要讲解认识键盘与练习指法，英文打字，中文输入法基础，Windows 7 自带中文输入法，搜狗拼音输入法，五笔字型输入法的字根与输入，手写和语音录入，听打和速录文档，使用 Word 2010 录入、编辑、排版、打印文档等知识。

本书采用项目式、分任务讲解，每个任务主要由任务目标、相关知识、任务实施 3 个部分组成，然后再进行强化实训。每个项目最后总结了常见疑难解析，并安排了相应的练习和实践。本书着重于对学生实际应用能力的培养，将职业场景引入课堂教学，因此可以让学生提前进入工作的角色。

本书适合作为职业院校文秘专业以及计算机应用等相关专业的教材，也可作为各类社会培训学校相关专业的教材，同时还可供计算机初学者以及打字人员自学参考。

◆ 主　　编　马可淳
副 主 编　孙丽娜
责任编辑　王　平
责任印制　焦志炜
◆ 人民邮电出版社出版发行　　北京市丰台区成寿寺路 11 号
邮编　100164　　电子邮件　315@ptpress.com.cn
网址　http://www.ptpress.com.cn
大厂回族自治县聚鑫印刷有限责任公司印刷
◆ 开本：787×1092　1/16
印张：10　　2014 年 7 月第 1 版
字数：231 千字　　2021 年 6 月河北第16次印刷

定价：24.00 元

读者服务热线：(010) 81055256　印装质量热线：(010) 81055316
反盗版热线：(010) 81055315
广告经营许可证：京东市监广登字 20170147 号

前 言 PREFACE

随着近年来职业教育课程改革的不断发展，也随着计算机软硬件日新月异地升级，以及教学方式的不断发展，市场上很多教材的软件版本、硬件型号、教学结构等很多方面都已不再适应目前的教育和学习。

有鉴于此，我们认真总结教材编写经验，用了2~3年的时间深入调研各地和各类职业教育学校的教材需求，组织了一批优秀的、具有丰富的教学经验和实践经验的作者团队编写了本套教材，以帮助各类职业学校快速培养优秀的技能型人才。

本着“工学结合”的原则，我们在教学方法、教学内容、教学资源3个方面体现出本套教材的特色。

教学方法

本书精心设计“情景导入→任务讲解→上机实训→常见疑难解析与拓展→课后练习”5段教学方法。将职业场景引入课堂教学，激发学生的学习兴趣，然后在任务的驱动下，实现“做中学，做中教”的教学理念，最后有针对性地解答常见问题，并通过练习全方位帮助学生提升专业技能。

- **情景导入**：以情景对话方式引入项目主题，介绍相关知识点在实际工作中的应用情况及其与前后知识点之间的联系，让学生了解学习这些知识点的必要性和重要性。
- **任务讲解**：以实践为主，强调“应用”。每个任务先指出要做一个什么样的实例，制作的思路是怎样的，需要用到哪些知识点，然后讲解完成该实例必备的基础知识，最后以步骤详细讲解任务的实施过程。讲解过程中穿插有“操作提示”、“知识补充”、“职业素养”3个小栏目。
- **上机实训**：结合任务讲解的内容和实际工作需要给出操作要求，提供适当的操作思路及步骤提示供参考，要求学生独立完成操作，充分训练学生的动手能力。
- **常见疑难解析与拓展**：精选出学生在实际操作和学习中经常会遇到的问题并进行答疑解惑，通过拓展知识板块，学生可以深入和综合的了解一些应用知识。
- **课后练习**：结合该项目内容给出难度适中的上机操作题，通过练习使学生强化巩固所学知识，起到温故而知新的作用。

教学内容

本书的教学目标是循序渐进地帮助学生掌握使用计算机进行中英文打字的能力，并能对各种输入法的基本操作快速适应和使用。全书共8个项目，可分为如下几个方面的内容。

- **项目一至项目二**：主要讲解键盘布局、指法分区、英文字母、单词和语句的基本输入等知识。

- **项目三**：主要讲解常见中文输入法基本操作、Windows 7自带中文输入法的使用、搜狗拼音输入法的使用等知识。
- **项目四至项目五**：主要讲解王码五笔字型输入法86版的使用、五笔字根分布、拆字原则，以及利用王码五笔字型输入法86版输入键面字、键外字、简码、词组的方法等知识。
- **项目六**：主要讲解使用手写录入和语音录入的方法，以及使用听打和速录录入文章等知识。
- **项目七至项目八**：主要讲解了Word 2010的基本操作，录入、编辑、设置、排版、打印文档的方法等知识。

教学资源

本书的教学资源包括以下两方面的内容。

（1）教学资源包

教学资源包中包含图书中实例涉及的素材与效果文件、各章节实训及习题的操作演示动画、与知识点对应的微课视频、模拟试题库、PPT课件以及教学教案（备课教案、Word文档）6个方面的内容。模拟试题库中含有丰富的关于中英文打字的相关试题，包括填空题、单项选择题、多项选择题、判断题、问答题和上机题等多种题型，读者可自动组合出不同的试卷进行测试。另外，还提供了两套完整模拟试题，以便读者测试和练习。

（2）教学扩展包

教学扩展包中有方便教学的拓展资源，包含教学演示动画和五笔编码速查工具等。

特别提醒：上述两项教学资源可访问人民邮电出版社教学服务与资源网（http://www.ptpedu.com.cn）搜索下载，或者发电子邮件至dxbook@qq.com索取。

本书由马可淳任主编，孙丽娜任副主编，虽然编者在编写本书的过程中倾注了大量心血，书中恐百密之中仍有疏漏，恳请广大读者及专家不吝赐教。

编者

2014年2月

目　录 CONTENTS

项目六 高效文字录入方式 93

项目七 在Word 2010中录入和编辑文字 109

项目八 排版和打印文档 133

附录 151

PART 1

项目一 认识键盘与练习指法

情景导入

小白：阿秀，我发现你打字时都没有看键盘，而且速度很快，你是怎么做到的?

阿秀：小白，只有对键盘了如指掌，同时掌握正确的键盘指法，才能实现盲打。

小白：太厉害了，阿秀，我也想学习盲打，可是不去看键盘，怎么知道按键是否正确呢?

阿秀：很简单，只要牢记主键盘区中每一个键位的分布情况，按照正确的击键指法进行录入即可。否则，总是在键盘上逐个找键位，不仅会影响打字速度，而且还会打断录入思路。

小白：原来如此，阿秀，那你教教我打字第一步该先做什么。

阿秀：好的，那就先来认识键盘和练习指法。

学习目标

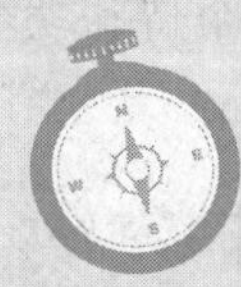

- 熟悉键盘的结构
- 掌握正确的打字姿势和击键要领
- 掌握正确的键位指法

技能目标

- 将键盘的结构熟记于心
- 牢记正确的打字姿势和击键要领
- 使用正确的键位指法

任务一 认识键盘

键盘是最常见的计算机录入设备，广泛应用于微型计算机和各种终端设备上，用户通过键盘可以实现向计算机录入指令或数据，指挥计算机的工作。因此，掌握键盘的结构是学习打字的第一步，下面就来认识一下键盘的结构。

一、任务目标

本任务的目标是掌握键盘的结构，了解各按键的作用，学会正确使用键盘。通过本任务的学习，可以为后面的知识奠定坚实的基础。

二、相关知识

键盘由一系列键位组成，每个键位上都标记有一个字母或者数字符号，用来代表这个键位的名称。最早的键盘只有84个键，如今，键盘的种类也越来越多。根据键位总数来划分，可分为101键盘、103键盘、104键盘和107键盘。

最常用的107键盘主要由功能键区、主键盘区、编辑控制键区、数字键区、状态指示灯区5部分组成，如图1-1所示。（拓展微课：光盘\微课视频\项目一\107键盘分区示意图.swf）

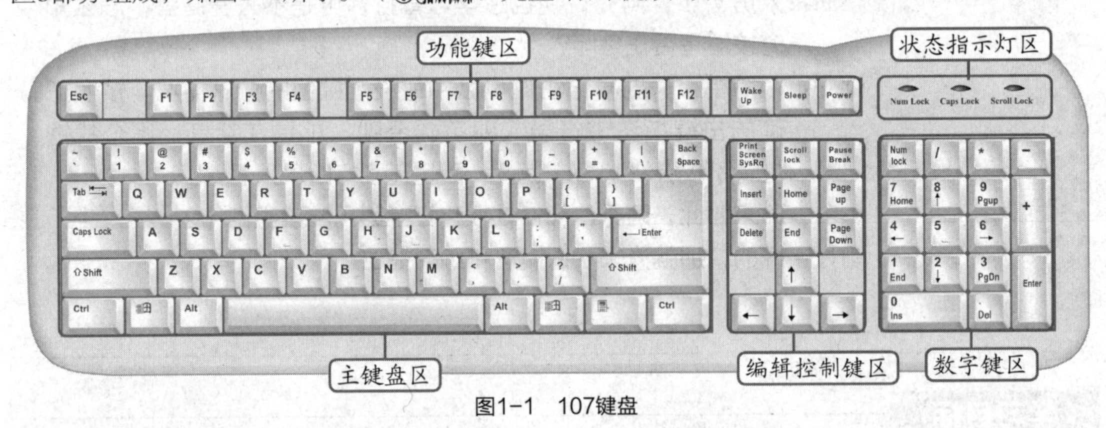

图1-1 107键盘

（一）功能键区

功能键区位于键盘的最顶端，其中包括【Esc】键、【F1】~【F12】键和3个特殊功能键，如图1-2所示，各键的作用如下。

图1-2 功能键区

- 【Esc】键：退出键，可退出当前运行环境、终止运行程序、返回原菜单等。
- 【F1】~【F12】键：在不同的应用程序中，各键的功能也有所不同，如按【F1】键，在一般情况下，可以快速打开软件的帮助文档。
- 【Wake Up】键：恢复键，可使计算机从睡眠状态恢复到可操作状态。
- 【Sleep】键：休眠键，可使计算机处于睡眠状态，以节省电源。
- 【Power】键：电源键，可快速关闭计算机电源。

（二）主键盘区

主键盘区位于功能键区的下方，同时也是键盘上最重要且使用最频繁的一个区域。该区域包括字母键、数字键、符号键、控制键等，共有61个键位，如图1-3所示。

图1-3　主键盘区

- **数字和符号键**：数字和符号键的键面均由上下两种字符组成，称为双字符键。其中，上面的符号称为上挡字符，下面的数字或符号称为下挡字符。按键可录入下挡字符，若要录入上挡字符，则需同时按住【Shift】键。
- **字母键**：每个字母键的键面上分别印有从“A”到“Z”的大写英文字母，按键后可以录入相应的英文字母。
- **控制键**：包括键、键、键、键、键等，各键的功能如表1-1所示。

表 1-1　控制键的功能

主键盘区的键位	各键位的名称	各键位的作用
Tab	制表定位键	编辑文本时，每按一次该键，光标自动向右移动 8 个字符的距离
Caps Lock	大小写锁定键	按下该键进入“大写锁定”状态，可连续录入大写字母；再次按该键，则切换为小写字母录入状态
Shift	转换键	默认输入大小写字母时，按【Shift】键的同时再按字母键可录入大写字母；该键与其他控制键组合使用，可实现快捷键的作用，如按【Ctrl+Shift】组合键，可快速切换输入法
Ctrl	控制键	位于主键盘区中的左、右两侧，在不同的工作环境中其具体功能也有所不同。该键一般不单独使用，需要与其他键组合使用
	Win 键	按该键将打开“开始”菜单，与按钮的作用相同
Alt	选择键	需要和其他键配合使用，如按【Ctrl+Alt+Del 】组合键，可将计算机热启动
	右键菜单键	按该键后将打开相应的快捷菜单，其作用与单击鼠标右键相同
Back Space	退格键	用于删除光标左侧的一个字符
Enter	回车键	按该键表示开始执行所录入的命令，但在录入文字时，则表示换行操作

知识补充

主键盘区中最长的键称为【Space】键，主要用于录入空格。在中文输入法录入汉字时，按该键表示编码录入结束。

（三）编辑控制键区

编辑控制键位于主键盘区和数字键区之间，如图1-4所示。该区域包含13个键位，各键位的作用如下。

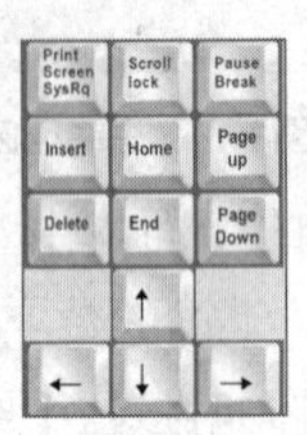

图1-4 编辑控制键区

- 【Print Screen Sys Rq】键：截屏键，可将当前屏幕中的内容以图片方式复制到剪贴板中。
- 【Scroll Lock】键：屏幕锁定键，常用于DOS操作环境，可使屏幕停止滚动。
- 【Pause Break】键：暂停键，可暂停当前正在运行的程序文件。
- 【Insert】键：插入键，可在插入和改写字符状态之间进行切换。
- 【Home】键：起始键，可将光标移至当前行的开始处。
- 【End】键：终点键，可将光标移动到当前行的结尾。
- 【Page Up】键：向前翻页键，可显示当前页的上一页信息。
- 【Page Down】键：向后翻页键，可显示当前页的下一页信息。
- 【Delete】键：删除键，可删除光标右侧的一个字符。
- 【↑】【↓】【←】和【→】键：光标移动键，用于将光标向上下左右4个不同的方向移动。

（四）数字键区

数字键区又称为小键盘区，位于键盘的右下角，主要用于快速录入数字。其中包括数字键、【Enter】键、光标移动键、符号键以及【Num lock】键共17个键位，如图1-5 所示。

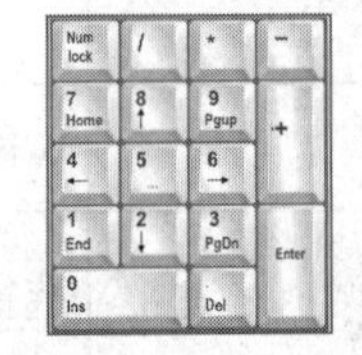

图1-5 数字键区

数字键区中有部分键为双字符键，上挡字符用于录入数字和小数点，下挡字符具有光标控制和切换编辑状态等功能。上下挡字符的切换由【Num Lock】键来实现，按下该键时，指示灯区中的“Num Lock”指示灯亮，此时表示录入上挡字符有效；反之，表示录入下挡字符有效。

（五）状态指示灯区

状态指示灯区位于数字键区上方，包括3个指示灯，分别用于提示键盘的工作状态。其中，“Num Lock”灯亮时表示可使用小键盘区录入数字，“Caps Lock”灯亮时表示按字母键时录入的是大写字母，“Scroll Lock”灯亮时表示屏幕处于锁定状态。

任务二 练习键盘指法

进行文字录入操作时，对双手的手指进行严格分工可以提高敲击键盘的效率，从而提高打字的速度。下面详细介绍手指的具体分工情况。

一、任务目标

本任务的目标是保持正确的打字姿势，掌握正确的键位指法，即明确双手手指具体负责敲击的键位。通过本任务的学习，可以做到规范击键动作的目的。经过有效的记忆和科学的练习，最终达到“运指如飞”的效果。

职业素养

盲打是指录入文字时，不看屏幕、不看键盘、只看文稿，充分发挥手指触觉能力的一种打字方式。盲打是作为打字员的基本要求，练习盲打的最基本方法是熟记键盘指法。进行盲打之前还应做好以下工作。

①将要录入的文稿浏览一遍，把文章中字迹模糊的地方读顺。

②根据录入习惯，将文稿尽量放在方便眼睛观看的地方。

③录入时要聚精会神、全神贯注，不受外界干扰。

二、相关知识

养成良好的打字姿势和正确的键位指法等习惯，才能在操作键盘的过程中提高打字的速度和准确率。

（一）正确的打字姿势

千万不要忽略坐姿的重要性，打字之前一定要端正坐姿，正确的打字姿势不仅能提升打字速度，更重要的是保护视力和身心健康。对于长期操作计算机的用户而言，保持正确的打字姿势可以减少对身体的损耗。正确的打字姿势如图1-6所示，包括以下几点。（拓展微课：光盘\微课视频\项目一\打字姿势.swf、文稿位置.swf）

图1-6 正确的打字姿势

- 椅子高度适当，眼睛稍向下倾视显示器，距离显示器为30cm左右，以免损伤眼睛。
- 身体端正，两脚自然平放于地面，身体与键盘的距离大约为20cm。

● 两臂自然下垂，两肘贴于腋边，手腕平直，不可弯曲，以免影响击键速度。

● 录入文字时，文稿应置于计算机桌的左侧，以便查看。

（二）正确的键位指法

了解正确的打字姿势后，在操作键盘之前首先应学习手指在键盘上的具体分工。

（1）基准键位

基准键位是指主键盘区正中央的8个键位：【A】、【S】、【D】、【F】、【J】、【K】、【L】、【;】键，其中【F】键和【J】键键面上各有一个凸起的小横杠，便于盲打时手指通过触觉定位。使用键盘指法击键之前，双手需要按指定规则分别放在基准键位上，如图1-7所示。当击键完成后，手指应立即返回到基准键位上，以待进行下一次击键。（拓展微课：光盘\微课视频\项目一\基准键位的手指分工.swf）

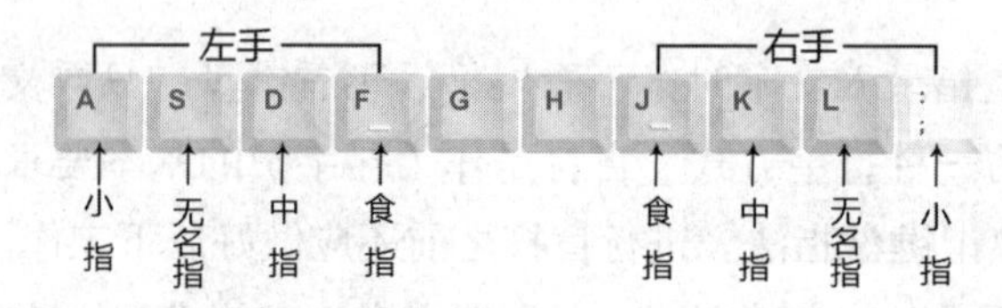

图1-7 基准键位的手指分工

（2）键位的手指分工

除8个基准键位外，剩余键位的手指分工都进行了严格的规范，如图1-8所示。每个键位都有规定的手指进行敲击。（拓展微课：光盘\微课视频\项目一\键位分工图.swf）

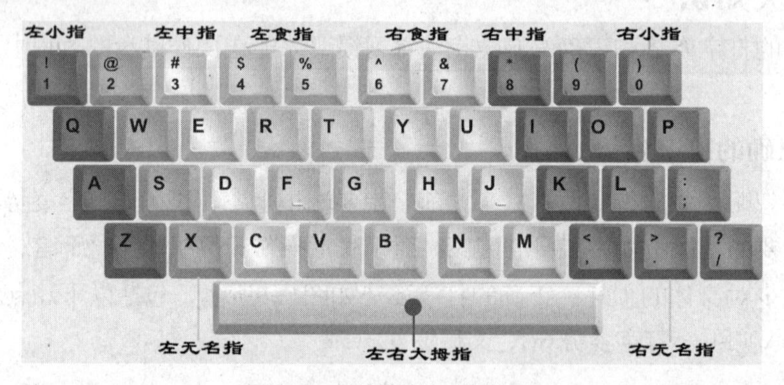

图1-8 其他键位的手指分工

对于经常使用小键盘区的用户而言，在使用小键盘录入数字时，可由右手的5个手指来负责快速录入操作，具体指法分区如表1-2所示。

表 1-2 小键盘指法分区

对应手指	敲击键位	对应手指	敲击键位
右手大拇指	【0】	右手食指	【7】、【4】、【1】
右手无名指	【*】、【9】、【6】、【3】、【.】	右手小指	【-】、【+】、【Enter】
右手中指	【/】、【8】、【5】、【2】		

（三）击键要领

要想准确、快速地录入文字，掌握击键要领并养成良好的击键习惯也十分重要。这里根据文字录入人员和学校教师的实际经验，总结了以下几种击键方法。（拓展微课：光盘\微课视频\项目一\敲键1.swf、敲键2.swf、敲键3.swf）

- 手指自然弯曲放于基准键位上，击键时手指轻轻用力，而不是手腕。
- 左手击键时，右手手指应放在基准键位上保持不动；右手击键时，左手手指应放在基准键位上保持不动。击键后，手指要迅速返回到相应的基准键位。
- 击键时不要长时间按住一个键不放，击键要迅速。

1、基准键的击法

敲击【K】键的方法为：将双手手指轻放在基准键位后，提起右手中指约离键盘2cm，向下击键时中指向下弹击【K】键，右手其他手指同时稍向上弹开即可完成击键操作。其他键的敲击方法与此类似，可以尝试击打。

2、非基准键的击法

敲击【W】键的方法为：提起左手无名指约离键盘2cm，然后稍向前移，同时用无名指向下弹击【W】键，同一时间其他手指稍向上弹开，击键后无名指迅速返回基准键位，注意右手在整个击键过程中保持不动。

（四）金山打字通

金山打字通是金山公司推出的两款教育系列软件之一，是一款功能齐全、数据丰富、界面友好、集打字练习和测试于一体的打字软件。金山打字通针对用户水平，定制了个性化的练习课程，每种输入法均从易到难提供单词（音节、字根）、词汇以及文章进行循序渐进的练习，并且辅以打字游戏。

金山打字通下载方法为：启动IE浏览器，在地址栏中录入官方下载地址：http://www.51dzt.com/。打开如图1-9所示的网页，单击免费下载按钮可下载“金山打字通2013”软件。

图1-9 金山打字通下载网页

下载完成后，双击图标，运行“金山打字通2013”安装程序，按照安装向导提示安装软件，完成后运行程序，界面如图1-10所示。

图1-10 金山打字通2013首页界面

三、任务实施

（一）练习基准键位

基准键位是击键的主要参考位置，通过本次练习可快速熟悉基准键位的位置和键盘指法，为打字录入奠定坚实的基础。其具体操作如下。

STEP 1 选择【开始】/【所有程序】/【金山打字通】/【金山打字通】菜单命令，启动金山打字通2013。

STEP 2 进入"金山打字通2013"的首页界面，单击"新手入门"按钮，在打开的登录界面中创建昵称后，单击 登录 按钮，再次单击按钮。

STEP 3 在打开的提示对话框中选择"关卡模式"选项，单击 确定 按钮，进入如图1-11所示的"新手入门"界面。

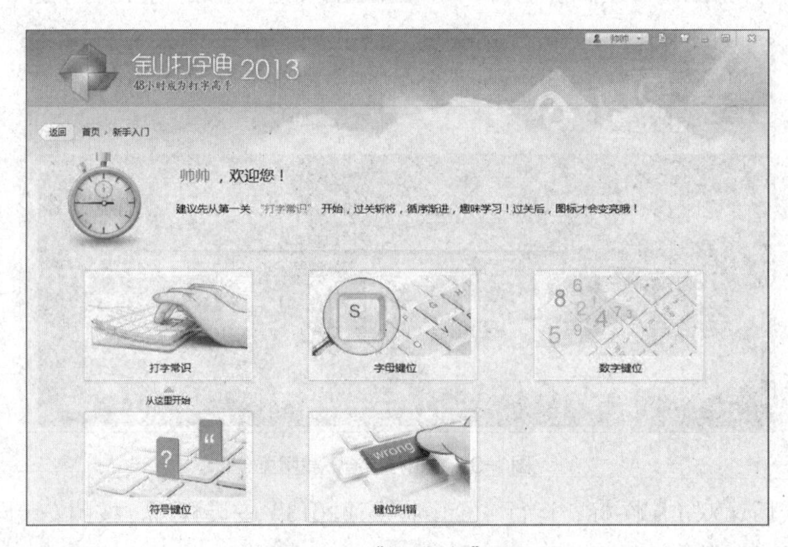

图1-11 "新手入门"界面

STEP 4 单击按钮，在打开的页面中依次单击 下一页 按钮了解基本的打字常识，通过相应测试后便可激活进入下一关“字母键位”。

STEP 5 该关卡默认从基准键位开始练习，将左手食指放在【F】键上，右手食指放在【J】键上，其余手指分别放在相应的基准键位上，然后根据当前练习窗口上方显示的蓝色键位进行正确击键练习，如图1-12所示。

图1-12 基准键位练习

STEP 6 在练习过程中要严格遵循正确的键位指法，各个手指要各司其职，不能越权代劳。练习完成后，系统会提示“您已经完成‘基准键位’练习，现在已进入下一课”字样，如图1-13所示。

图1-13 完成基准键位练习

（二）练习上排键位

熟悉基准键位后，继续在“字母键位”界面中练习录入位于基准键位上方的一排键位。练习过程中不看键盘，规范击键指法和动作，其具体操作如下。

STEP 1 在“字母键位”界面中练习完基准键位和中排键位后，系统将自动进入“上排键位”练习课程。

STEP 2 根据当前练习窗口上方显示的蓝色键位进行正确击键，如图1-14所示。

图1-14 上排键位练习

STEP 3 在击键过程中，注意体会基准键位与上排键位之间的距离。完成击键操作后，双手手指应立即返回基准键位。

操作提示

进行字母键位练习时，若想反复练习其中的某一个课程，可单击界面右上角的绿色按钮①进行课程选择。需要注意的是，只有练习了相应课程后，该课程对应的按钮才会显示为绿色，否则显示为白色。

（三）练习下排键位

下排键位因为手指弯曲击键往往更难练习，在击键过程中可能会出现手指偏移基准键位的情况。此时应放慢录入速度，力求每一个键位都是按正确的指法进行录入。下面继续在“字母键位”界面中练习下排键位，其具体操作如下。

STEP 1 在“字母键位”界面中练习完“上排键位”课程后，系统将自动进入“下排键位”练习课程。

STEP 2 根据当前练习窗口上方显示的蓝色键位进行正确击键，如图1-15所示。

图1-15 下排键位练习

STEP 3 在击键过程中，注意体会基准键位与下排键位之间的距离。完成击键操作后，双手手指应立即返回基准键位。

（四）分指练习

掌握了10个手指在键盘上的分工后，为了进一步巩固左右手的食指、中指、无名指、小指指法，下面将进行分指练习。其具体操作如下。

STEP 1 启动金山打字通2013后，单击首页界面的"新手入门"按钮，进入"新手入门"界面，单击"字母键位"按钮。

STEP 2 打开"字母键位"界面后，单击课程选择按钮⑤。

STEP 3 根据当前窗口上方显示的蓝色键位进行左手食指键位练习，如图1-16所示。

图1-16 左手食指键位练习

STEP 4 练习完左手食指键位后，继续进行右手食指键位练习，在击键过程中，注意体会手指伸出的距离与角度，直至完成该关练习。

知识补充

"字母键位"练习界面的右下角有3个按钮，从左到右依次为"从头开始"按钮、"暂停"按钮、"测试模式"按钮，各按钮的含义如下。

- **按钮**：单击该按钮可将当前练习模式恢复至初始状态，然后从头开始再一次进行键位练习。
- **按钮**：单击该按钮可暂停练习状态，再次单击该按钮则可继续练习。
- **按钮**：单击该按钮将打开过关测试窗口，根据界面内容进行录入操作，一旦达到过关条件，系统将自动进入下一关。

（五）练习大、小写指法

大、小写是指字母键的切换录入，下面将在记事本中练习所有大小写字母，练习过程中注意结合【Caps Lock】键或【Shift】键录入大写字母。其具体操作如下。

STEP 1 选择【开始】/【所有程序】/【附件】/【记事本】菜单命令，启动记事本程序。

STEP 2 不看键盘，按照正确的键位指法和击键要领，在光标闪烁处录入如图1-17所示的大、小写英文字母。

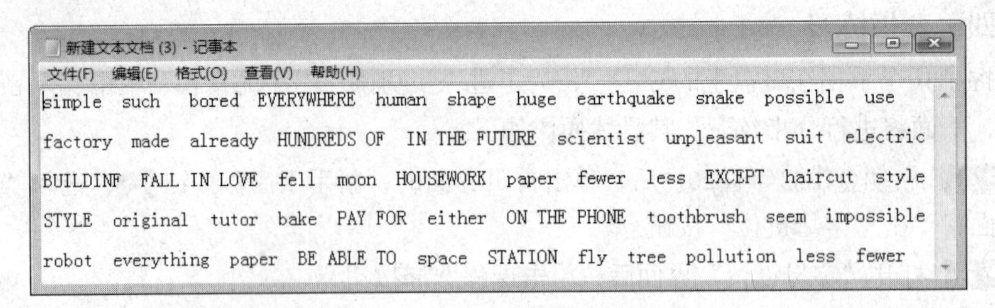

图1-17 大、小写字母录入练习

STEP 3 录入过程中，可根据录入习惯选择大、小写输入法的切换方式，一般情况下建议使用【Caps Lock】键。

（六）练习数字键位

在主键盘区和小键盘区都有数字键位的分布，对于经常使用小键盘的用户，可以专门针对小键盘进行数字键位的练习。下面将利用金山打字通2013对数字键位进行练习，其具体操作如下。（拓展微课：光盘\微课视频\项目一\数字键.swf、小键盘手指分工.swf）

STEP 1 完成“字母键位”板块的所有关卡便可激活“数字键位”板块，在其中单击“数字键位”按钮。

STEP 2 打开“数字键位（主键盘）”界面后，根据当前练习窗口上方显示的蓝色键位进行数字键位练习，如图1-18所示。

图1-18 主键盘中的数字键位练习

STEP 3 练习完主键盘区中的数字键位后，系统会打开一个提示窗口，单击 是 按钮将进入测试界面，单击 否 按钮将继续练习数字键位，这里单击 否 按钮。

STEP 4 单击“数字键位（主键盘）”练习界面右下角的“小键盘”按钮。

STEP 5 打开“数字键位（小键盘）”界面后，根据当前练习窗口上方显示的蓝色键位进行数字键位练习，如图1-19所示。

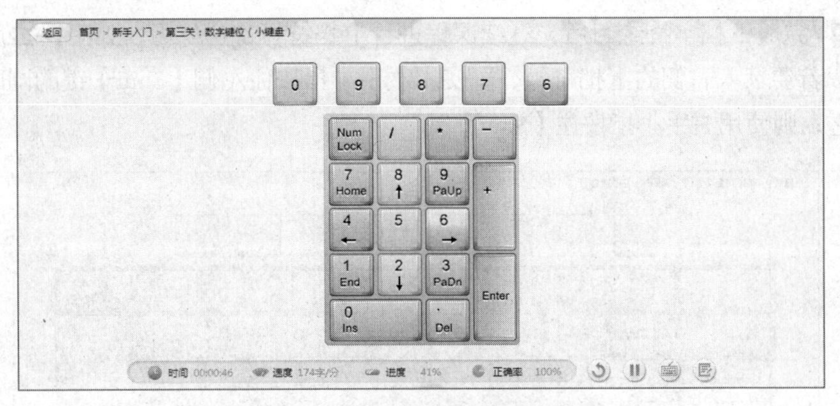

图1-19 小键盘中的数字键位练习

STEP 6 完成“数字键位”所有规定练习课程后，可在打开的提示窗口中单击 是 按钮进入测试界面，根据测试窗口显示内容进行数字键位测试录入，如图1-20所示。

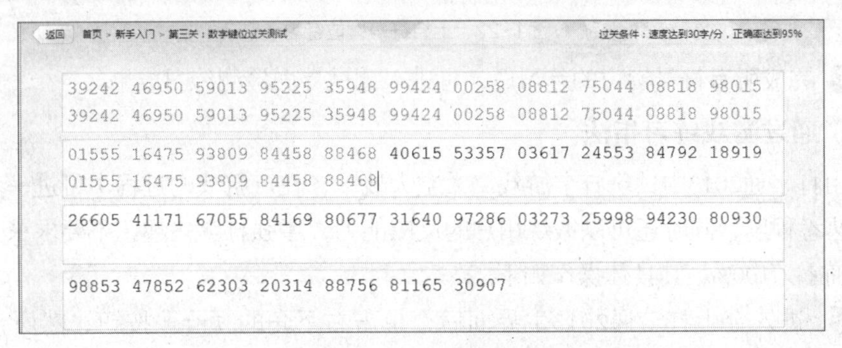

图1-20 数字键位测试界面

（七）练习符号键位

标点符号也是打字过程中不可缺少的元素之一，下面将通过金山打字通2013练习难度更大的双挡字符的录入，注意灵活使用【Shift】键录入上挡字符。其具体操作如下。

STEP 1 启动金山打字通2013后，在“新手入门”界面中单击“符号键位”按钮。

STEP 2 打开“符号键位”界面后，根据当前练习窗口上方显示的蓝色键位首先进行下挡符号键位练习，如图1-21所示。

图1-21 下挡符号键位练习

STEP 3 完成下挡字符练习后，继续课程进行上挡符号键位练习，如图1-22所示。在练习过程中，若要录入右侧的上挡符号，可使用左手小指按住左侧【Shift】键的同时敲击所需键位。反之，则使用右手小指按住【Shift】键。

图1-22 上挡符号键位练习

STEP 4 完成所有符号键位的练习后，可进入测试界面检测练习成果。

（八）通过游戏练习指法

在金山打字通2013中试玩打字游戏“太空大战”，在玩游戏的过程中可进一步提高对字母键位的熟悉程度，同时还可以锻炼用户的反应能力，增强打字兴趣。不要求录入速度，但要保证正确率为100%。其具体操作如下。

STEP 1 进入金山打字通2013主界面后，单击右下角的打字游戏按钮，然后在“打字游戏”界面中单击“太空大战”超链接。

STEP 2 待系统成功安装该游戏后，再次单击“太空大战”超链接进入游戏界面，单击开 始按钮开始游戏，如图1-23所示。

图1-23 单击“开始”按钮

STEP 3 此时敌方的飞行器就会左右移动撞向我方控制的飞机，只有正确敲击飞船上显示的字母键后，我方飞机才会开炮将敌机击毁得分，如图1-24所示，否则就会失血，直至被敌机撞毁。

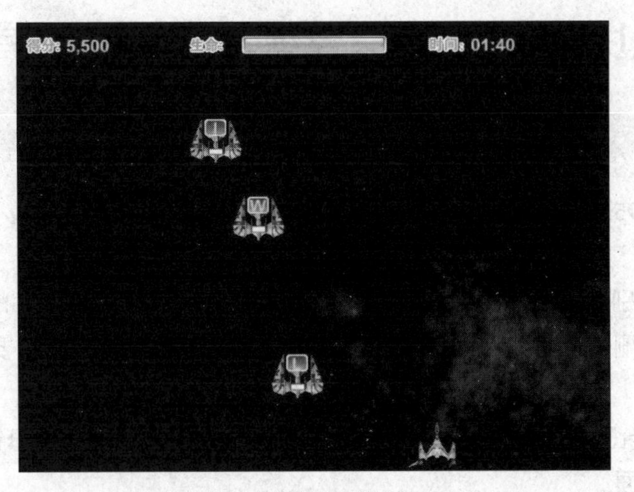

图1-24 通过游戏练习键位录入

实训一 在记事本中练习键位录入

【实训要求】

完成所有的键位练习课程后，对键盘上各键位的布局已基本掌握，同时对键位指法也能熟练运用。本实训将在记事本中录入如图1-25所示的综合键位，要求在录入过程中严格按照正确的键位指法进行盲打操作。要求限时8分钟，正确率为100%。

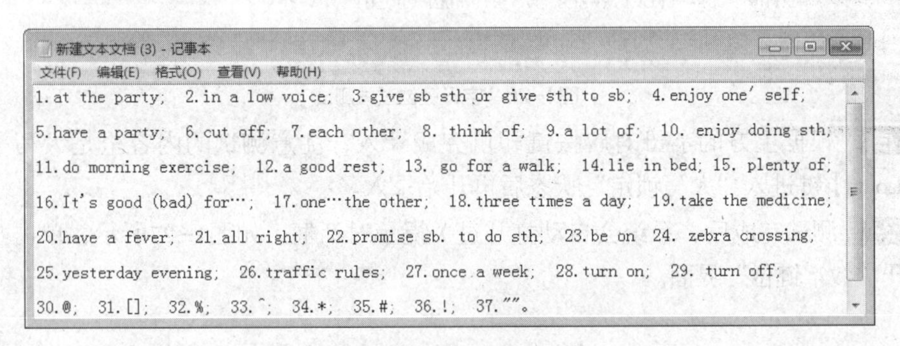

图1-25 综合练习

【实训思路】

首先调整好打字姿势，然后启动记事本程序，最后严格按照前面学习的键位指法进行录入练习。对于文档中的数字字符，可直接利用小键盘进行录入，这样可提高录入速度。

【步骤提示】

STEP 1 选择【开始】/【所有程序】/【附件】/【记事本】菜单命令，启动记事本程序。

STEP 2 录入字符内容。在录入过程中尽量不看键盘，训练盲打，并注意每个单词之间的空格可利用【Space】键进行录入。需要换行时可直接敲击【Enter】键。

实训二　通过金山打字通综合练习

【实训要求】

本实训将通过金山打字通2013进行综合练习。要求字母和数字键位录入速度达到30字/分钟，正确率达到95%，符号键位录入达到20字/分钟，正确率达到95%。

【实训思路】

本次实训将分别通过“字母键位”、“数字键位”、“符号键位”的“过关测试”功能进行练习，“过关测试”功能有每分钟字数和正确率的要求限制，所以要保证一定的速度。

【步骤提示】

STEP 1 启动金山打字通2013后，在“新手入门”界面中单击“字母键位”按钮，打开“字母键位”界面。

STEP 2 单击“测试模式”按钮，打开“字母键位过关测试”界面，如图1-26所示。

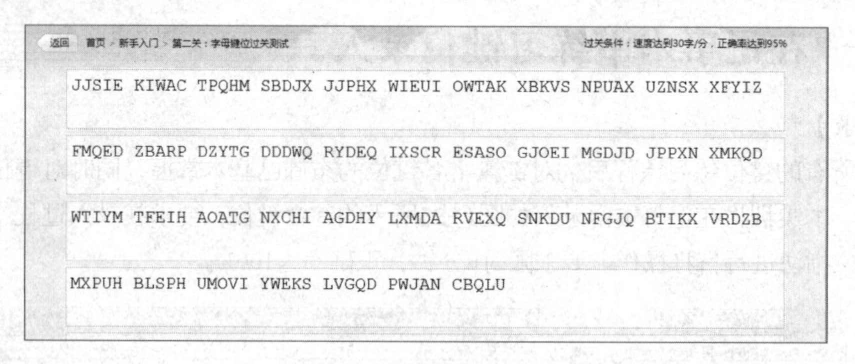

图1-26　字母键位过关测试

STEP 3 根据上方的字母对应按键即可完成录入，注意测试的内容全是大写字母，按【Caps Lock】键进入“大写锁定”状态后再开始录入。

STEP 4 测试完成后，系统会自动打开过关提示对话框，如图1-27所示，单击按钮，打开“数字键位”界面。

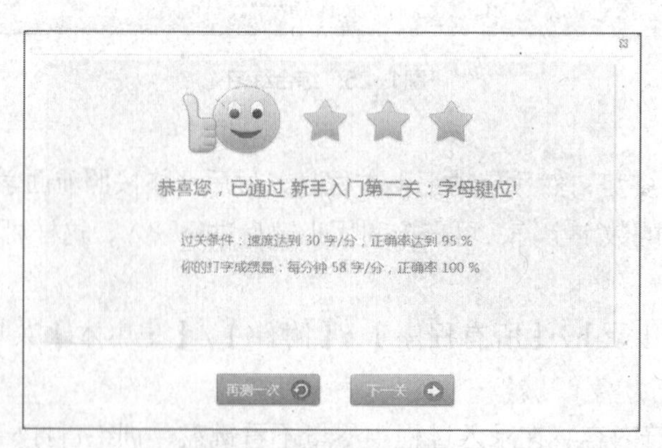

图1-27　过关提示对话框

STEP 5 单击“测试模式”按钮，打开“数字键位过关测试”界面。

STEP 6 根据上方的数字对应按键即可完成录入，因为是纯数字组合，建议使用小键盘录入。

STEP 7 测试完成后，系统会自动打开过关提示对话框，单击 按钮，打开“符号键位”界面。

STEP 8 单击“测试模式”按钮，打开“符号键位过关测试”界面。

STEP 9 根据上方的符号对应按键即可完成测试，注意其中有些符号容易混淆，如分清楚“`”和“'”的区别即可。

常见疑难解析

问：学习计算机打字应该选择哪种类型的键盘？

答：按工作原理分类，市面上的键盘可分为塑料薄膜式键盘、机械键盘、导电橡胶式键盘、无节点静电电容键盘，其中常见的属于塑料薄膜式键盘，它的优点是成本低，噪声小，但这种键盘长期使用后由于材质问题手感会发生变化，不利于学习打字录入。建议使用易维护，打字节奏感强的机械键盘，长期使用手感不会发生改变。

问：为何在小键盘区中不能录入数字，只能看到鼠标在页面上移动？

答：这是由于状态指示区中的“Num Lock”指示灯处于关闭状态，此时小键盘区中各个按键的功能由数字状态变为编辑状态，即移动光标功能。若想录入数字，只需按【Num Lock】键，将状态指示区中的“Num Lock”指示灯点亮，即可录入相应的数字。

拓展知识

（一）不良打字习惯的坏处

打字习惯与打字速度密切相关。不良的打字习惯最突出的坏处便是影响打字速度的提高，其次，很容易使身体产生疲倦感，长期下去还会导致颈椎和腰椎的病变。

（二）主键盘上的数字训练技巧

最好先掌握了小键盘的数字键位指法后，再对主键盘上的数字键位进行训练，由于双手由始至终都放在字母键的中排键位上，敲击上排或下排键位时，手指始终是以中排键位为基点进行小范围的移动。对于主键盘上的数字键位，由于中间隔了一排，从而导致手指移动距离变大，击键准确率下降，如果已经对字母键非常熟悉，那手指就会做准确移动，此时，再做数字键训练难度就相对较小。

课后练习

（1）在主键盘区中，将各手指负责敲击的键位填入后面的括号中。

左手小指负责敲击的键位（ ）。

左手无名指负责敲击的键位（　　　　　　　　　　　　　　　　　　　　　　）。
左手中指负责敲击的键位（　　　　　　　　　　　　　　　　　　　　　　）。
左手食指负责敲击的键位（　　　　　　　　　　　　　　　　　　　　　　）。
右手食指负责敲击的键位（　　　　　　　　　　　　　　　　　　　　　　）。
右手中指负责敲击的键位（　　　　　　　　　　　　　　　　　　　　　　）。
右手无名指负责敲击的键位（　　　　　　　　　　　　　　　　　　　　　）。
右手小指负责敲击的键位（　　　　　　　　　　　　　　　　　　　　　　）。
两个大拇指负责敲击的键位（　　　　　　　　　　　　　　　　　　　　　）。

（2）通过对字母键位、数字键位、符号键位的反复练习后，金山打字通2013会自动记忆用户在练习时录入错误的键位，再一次进行练习，以加深易错键位的位置和正确的击键指法。下面在金山打字通2013中进行纠错，其具体操作如下。

STEP 1 启动金山打字通2013，在其首页界面中单击“新手入门”按钮。

STEP 2 进入“新手入门”界面后，单击“键位纠错”按钮，打开“键位纠错”界面。

STEP 3 根据当前练习窗口上方显示的蓝色键位录入曾在练习过程中录入错误的键位，如图1-28所示。

图1-28　键位纠错练习

（3）在记事本程序中录入如图1-29所示的综合键位，不要求录入速度，但要保证正确的打字姿势和准确的指法分工来完成此次训练。

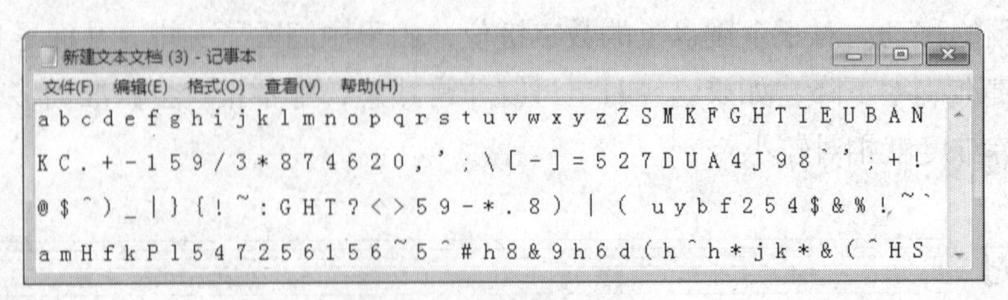

图1-29　综合键位录入练习

PART 2

项目二 英文录入

情景导入

阿秀：小白，你对键盘布局和指法规范的知识学习得怎么样了?

小白：我现在已经完全掌握了。阿秀，什么时候能教我打字?

阿秀：不要着急，打字可分为英文打字和中文打字两种方式，现在就先从最简单的英文打字开始学习。

小白：太棒了，自从学会了正确的键位指法后，每天都会坚持练习录入英文字母，我越来越喜欢文字录入了。

阿秀：小白，没想到你这么喜欢打字。前面的练习已经奠定了一定的英文录入基础，接下来就从录入单词开始学习，然后再练习文章的录入。

小白：好的，我已经迫不及待了。

学习目标

- 掌握英文单词的录入方法
- 掌握英文文章的录入方法
- 熟悉测试英文打字的具体操作

技能目标

- 能够正确的录入英文单词
- 能选择不同英文文章进行测试
- 对英文文章的录入速度不能低于100字/分钟

任务一 练习录入英文词句

英文词句在录入工作中十分常见。英文字母录入练习主要是提高用户对键盘和指法的熟悉程度，为了进一步提升英文字母的综合录入能力，下面将对英文词句进行录入练习。

一、 任务目标

本任务将练习使用金山打字通2013录入英文词句，要求严格按照正确的键位指法进行英文词句录入练习，力求在不低于95%正确率的情况下提升录入速度。

二、相关知识

金山打字通2013是一款集成了新手入门、英文打字、拼音打字、五笔打字等板块的打字软件，该软件需要完成进级任务才能激活相应的板块。完成“新手入门”板块的学习后，下面开始学习“英文打字”板块。

（一）认识“英文打字”板块

启动金山打字通2013后，在首页界面中单击“英文打字”按钮，进入“英文打字”界面，如图2-1所示。该界面中包括单词练习、语句练习、文章练习3个板块，各板块的内容介绍如下。

图2-1 “英文打字”板块

- **“单词练习”板块**：收纳了最常用单词、小学英语单词、初中英语单词、高中英语单词、大学英语单词等词汇。通过练习可熟练录入英文单词并加强对英语词汇的了解。
- **“语句练习”板块**：收纳了最常用英语口语词汇。通过练习可加强对语法的了解。
- **“文章练习”板块**：收纳了小说、散文、笑话等不同类型的英文文章，用户可以根据自己的需要进行选择练习。

（二）英文词句录入技巧

在日常工作中，经常会遇到如发送邮件、聊QQ、逛论坛等需要录入英文词句的情况。为了准确且快速地录入所需单词，可按以下方法进行录入操作。

- 双手手指放于基准键位，并保持手腕悬空。

● 坚持盲打，切忌弯腰低头，不要将手腕和手臂靠在键盘上。
● 遇到大小写字母混合录入的情况，可直接利用【Shift】键快速录入大写英文字母。
● 录入英文单词时，利用【Space】键分隔单词。
● 录入英文句子时，句首单词的首字母要大写。

三、任务实施

（一）练习录入英文单词

下面将在金山打字通2013中练习录入英文单词，录入过程中要严格按照前面所学的键盘指法知识执行操作。其具体操作如下。

STEP 1 选择【开始】/【所有程序】/【金山打字通】/【金山打字通】菜单命令，启动金山打字通2013软件。

STEP 2 在首页界面中单击“英文打字”按钮，进入“英文打字”界面，单击“单词练习”按钮，如图2-2所示。

图2-2 单击“单词练习”按钮

STEP 3 打开“单词练习”界面，根据窗口上显示的单词进行击键练习，如图2-3所示。窗口下方会根据用户的录入情况自动显示练习时间、速度、进度、正确率等信息，便于用户根据数据调整练习进度。

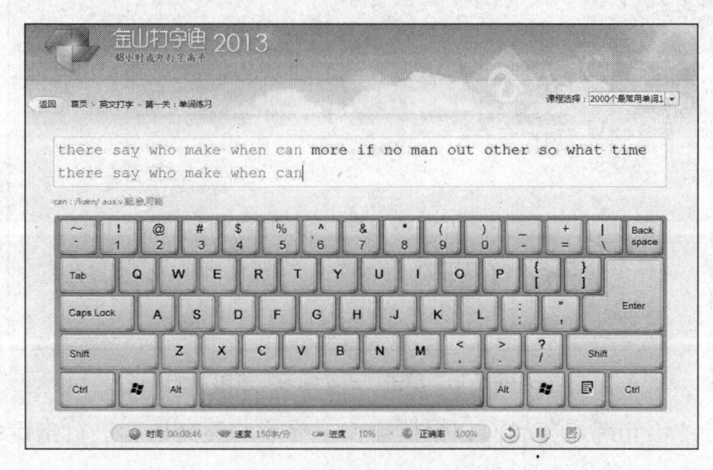

图2-3 练习录入英文单词

STEP 4 练习完默认单词课程后，系统将自动打开一个提示对话框，单击其中的 是 按钮进入下一课，如图2-4所示。

STEP 5 在打开的界面中继续练习其他单词课程。如果想进入下一级别的练习，可单击右下角的“测试模式”按钮。

STEP 6 打开“单词练习过关测试”界面进行测试，如图2-5所示，直至录入速度达到70字/分，正确率达到95%。

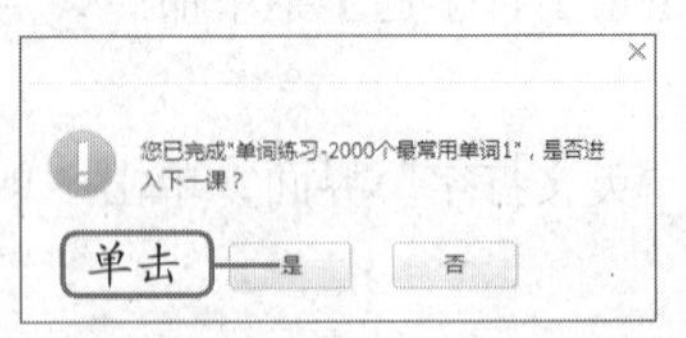

图2-4 确认进入下一课练习

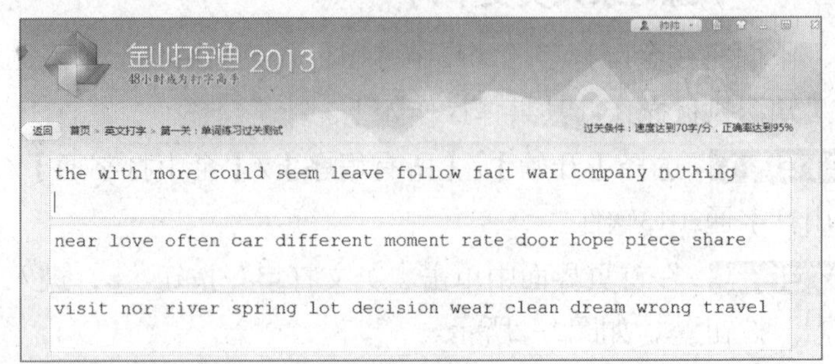

图2-5 练习其他单词课程

操作提示

在练习过程中，若按键错误，录入的字母及上方的范文会呈红色显示，下方键盘图的相应键位上将同时显示“×”，此时可按键盘上的【Back Space】键删除光标左侧的错误字符，然后根据练习窗口中显示的蓝色键位重新录入正确的字符。

（二）练习录入常用英文句子

完成单词测试后，软件将自动激活“语句练习”板块，继续在金山打字通2013中练习英文语句录入，要求不变并最终达到75字/分钟的录入速度和95%的正确率。其具体操作如下。

STEP 1 在“英文打字”界面中单击“语句练习”按钮，如图2-6所示。

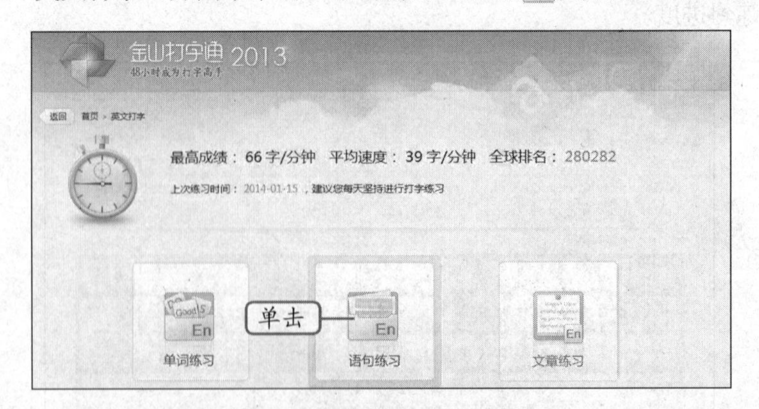

图2-6 单击“语句练习”按钮

STEP 2 打开“语句练习”界面，根据窗口上显示的英文语句进行击键练习，直至录入速度达到75字/分钟，正确率达到95%。

与以往版本的金山打字软件不同，金山打字通2013中设置了全新任务关卡练习模式，只有完成给定任务才能过关进级。例如，在“英文打字”板块中，首先只能进行单词练习，当练习完规定课程或是通过测试条件后，才能激活“语句练习”板块。该模式对“拼音打字”和“五笔打字”板块同样适用。

（三）运行游戏练习单词录入

完成语句课程练习后，可以通过试玩打字游戏巩固前面所学的知识，并对键位的熟悉程度和录入单词的能力进行检验。下面将试玩“激流勇进”游戏，其具体操作如下。

STEP 1 在“英文打字”板块的“单词练习”界面中单击“首页”超链接，返回金山打字通2013的首页界面，然后单击右下角的打字游戏按钮，如图2-7所示。

图2-7 单击“打字游戏”按钮

STEP 2 进入“打字游戏”界面后，单击“激流勇进”超链接，待游戏成功下载完成后，再次单击“激流勇进”超链接，进入“激流勇进”游戏的初始界面，如图2-8所示。

图2-8 “激流勇进”游戏开始界面

STEP 3 单击开始按钮，开始游戏。此时，河面上会按一定方向水平漂动3层荷叶，并且每片荷叶上都有一个单词，加上对岸荷叶上的单词，用户需按从近到远的顺序依次敲击4层荷叶上的任意一个单词，只有在青蛙所在的荷叶飘走前，成功敲对所有单词后才能将青蛙送过河，如图2-9所示。

在“激流勇进”游戏中，一旦开始敲击荷叶上的单词后，就不能再敲击同层中另一片荷叶上的单词，只有按【Esc】键取消对该单词的选择后，才能再次敲击同一层中的其他单词。除此之外，青蛙只能垂直向前跳跃而不能水平跳跃。

STEP 4 成功将荷叶上的5只青蛙运送过河后，将自动打开通关提示对话框，如图2-10所示。单击按钮，可继续玩该游戏；单击按钮，将进入难度更高的关卡，游戏规则保持不变；单击按钮，可停止游戏。

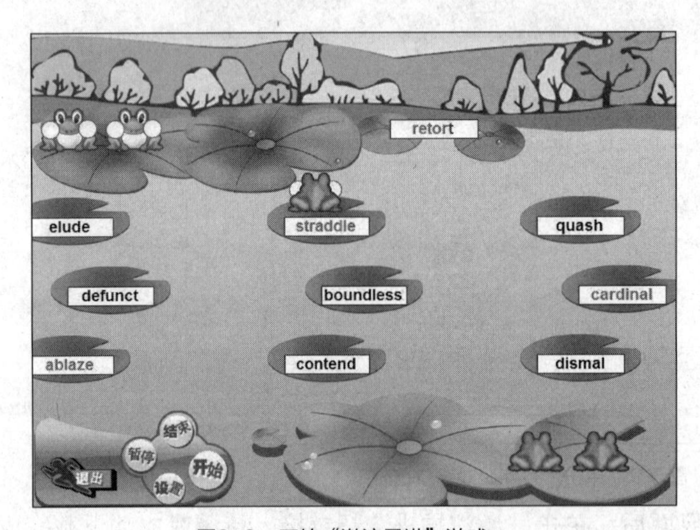

图2-9 开始“激流勇进”游戏

图2-10 通关提示对话框

在“激流勇进”游戏开始之前，可单击游戏起始界面中的按钮，在打开的“功能设置”对话框中选择练习词库和游戏难度，各参数含义如下。

- **“选择课程”下拉列表框**：单击右侧的下拉按钮，在打开的下拉列表框中包含了各阶段词汇表的名称，每个词汇表都是一个独立的课程，用户可根据实际需求选择要练习的课程。
- **“难度等级”滑块**：在控制滑块上按住鼠标左键不放，沿左右方向拖曳鼠标可设置游戏难度等级，该游戏的最高等级为9级。

任务二 练习录入英文文章

完成“语句练习”板块的任务目标后，便可通过该板块的过关测试激活“英文打字”界面的最后一个板块——文章练习。通过“文章练习”板块不仅可以综合提升英文打字的整体水平，还能快速掌握单词和语法的使用方法。下面将介绍英文文章练习的具体操作方法。

一、 任务目标

本任务将在金山打字通2013软件中完成，要求严格按照正确的击键指法进行录入，在不低于95%正确率的情况下将录入速度至少提高至100字/分。

二、相关知识

在金山打字通2013中，除了可以依次进行单词、语句、文章练习外，同时，还可以选择打字测试和自定义课程内容，下面分别介绍其具体操作方法。

（一）自定义练习课程

在金山打字通2013相应练习板块的“课程选择”下拉列表框中，提供了大量的练习课程供用户选择，如果这些课程不能满足实际的工作或学习需求，用户可以将自己喜欢的文章或是工作中经常用到的内容添加到相应的练习板块中进行专项训练。

自定义练习内容的方法为：首先在“课程选择”下拉列表框中单击“自定义课程”选项卡，然后在显示的列表框中单击 添加 按钮或“立即添加”超链接，打开“课程编辑器”对话框后，在其中设置课程内容和名称，如图2-11所示，最后单击 保存 按钮完成自定义设置。

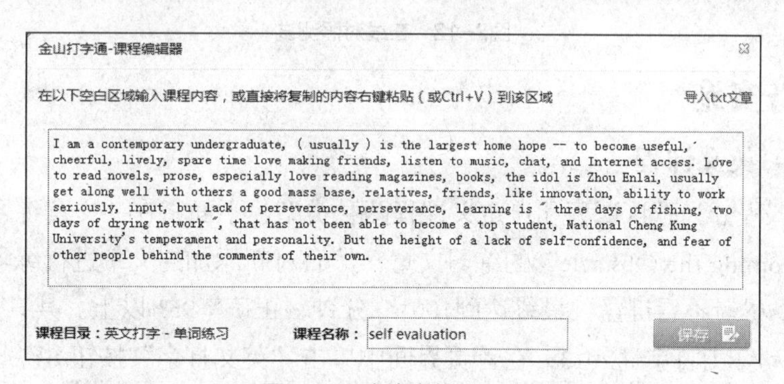

图2-11 自定义练习文章

（二）认识“打字测试”板块

金山打字通2013的打字测试功能，可以将用户的打字速度和正确率以曲线的形式直观的显示，让打字水平一目了然。打字测试方式分为单机对照测试和在线对照测试两种。下面将分别介绍测试方式的使用方法。

- **单机对照测试**：是将金山打字通2013的默认测试文章显示在“打字测试”窗口中，用户对照屏幕内容进行录入测试。完成测试后，软件会自动打开进步曲线图，以便用户了解自己的打字水平。测试模拟了实际应用中对照指定文章录入英文的情况。在首页界面中单击 打字测试 按钮，即可打开“打字测试”界面。该界面中包含英文测试、拼音测试、五笔测试3个单选项，选中所需的单选项将切换到相应的测试内容。
- **在线对照测试**：在首页界面单击 帅帅 账户名，在弹出的下拉列表中单击“设置”按钮，然后在展开的列表中单击“打字测试”按钮，如图2-12所示，此时，系统将自动启动IE浏览器，并打开“金山打字通2013官方打字测试”网页，用户只需对照网页内容进行在线录入测试即可。完成测试后，网页将自动给出相应的测试成绩，包括测试时间、正确率、速度、打字速度峰值等分析统计结果。

图2-12 在线对照测试

三、任务实施

（一）练习英文课程

文章练习课程分为默认课程和自定义课程两种类型，下面将在“文章练习”板块中自定义名为“Overcoming the Obstacle”的练习文章，然后对新添加的文章进行练习。在练习时打字姿势要正确，尽量不看键盘，最终达到100字/分钟，正确率95%以上。其具体操作如下。

STEP 1 启动金山打字通2013，在首页界面中单击“英文打字”按钮。

STEP 2 进入“英文打字”界面后，单击“文章练习”按钮，如图2-13所示。

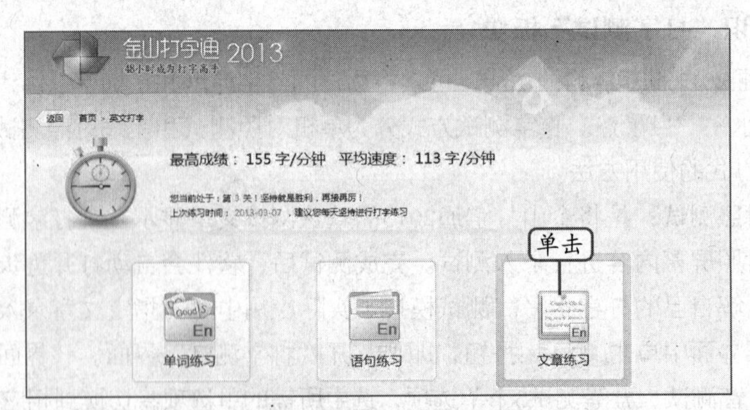

图2-13 进入“文章练习”模块

STEP 3 在“文章练习”界面中的“课程选择”下拉列表框中单击“自定义课程”选项卡，如图2-14所示。

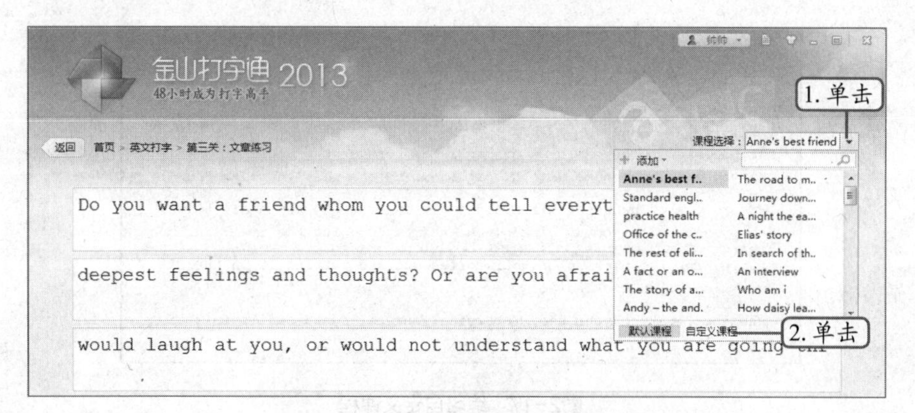

图2-14 单击“自定义课程”选项卡

STEP 4 在展开的列表框中单击 添加 按钮或“立即添加”超链接。

STEP 5 打开“课程编辑器”对话框，在空白区域录入要练习的课程内容，在“课程名称”文本框中录入文章标题，单击 保存 按钮，如图2-15所示。

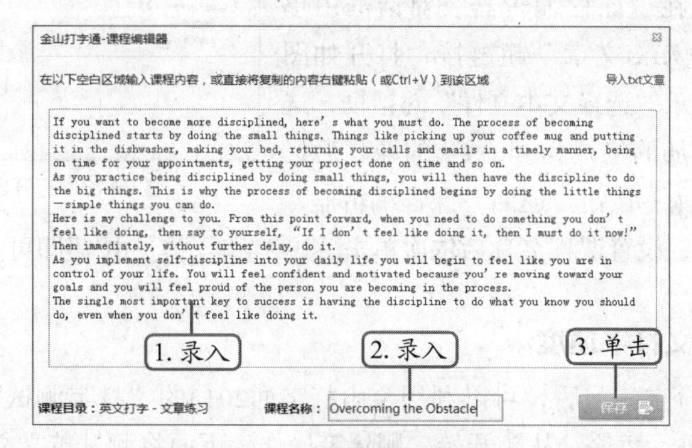

图2-15 自定义练习课程

STEP 6 此时，系统将自动打开保存课程成功提示对话框，单击 确定 按钮即可。

STEP 7 返回“课程选择”下拉列表框，其中自动显示了新添加的文章“Overcoming the Obstacle”，如图2-16所示，单击文章标题选择该课程。

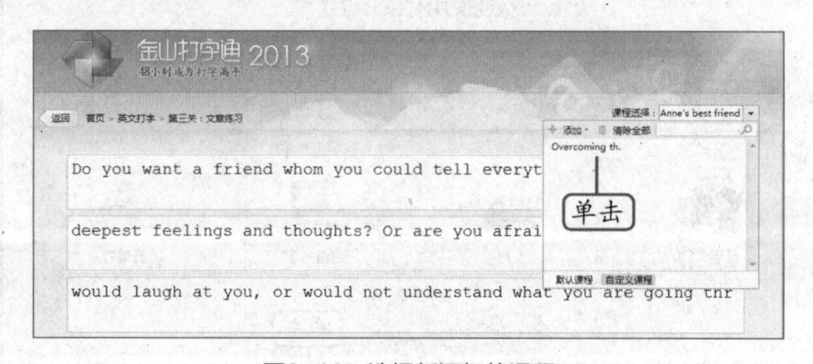

图2-16 选择新添加的课程

STEP 8 进入文章练习模式，保持正确坐姿后，严格按照前面学习的键盘指法进行文章录入练习，如图2-17所示，直到达到练习要求。

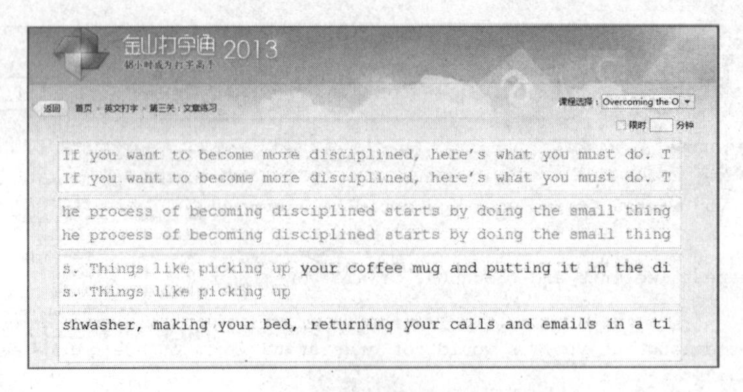

图2-17 练习自定义课程

在自定义课程内容时，除了采用直接录入，复制和粘贴方法外，还可以利用导入文本文件的方式来实现。方法为：在“课程编辑器”对话框中单击“导入txt文章”超链接，打开如图2-18所示“选择文本文件”对话框，选择要添加的格式为“.txt”的课程后，单击打开(O)按钮。返回“课程编辑器”对话框，设置课程名称后依次单击保存和确定按钮即可完成课程添加。

图2-18 打开自定义课程

（二）测试英文打字速度

完成所有英文打字练习后，可以利用金山打字通2013的“打字测试”板块测试打字速度，测试过程中可进行暂停、从头开始、删除等操作。下面将测试英文文章“dream”的录入速度，其具体操作如下。

STEP 1 启动金山打字通2013，在首页界面中单击打字测试按钮，如图2-19所示。

图2-19 单击“打字测试”按钮

STEP 2 打开“打字测试”界面，选中“英文测试”单选项，在“课程选择”下拉列表框中选择“dream”选项，如图2-20所示。

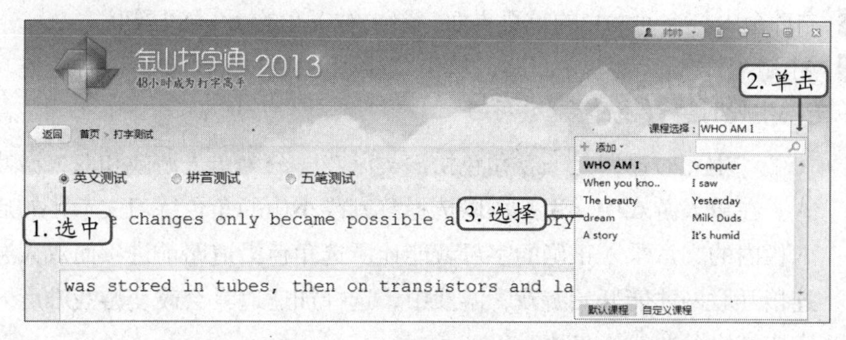

图2-20 选择需要测试的英文课程

STEP 3 返回“打字测试”界面，开始测试文章录入速度，如图2-21所示。遇到上挡字符时，可利用【Shift】键进行辅助录入。

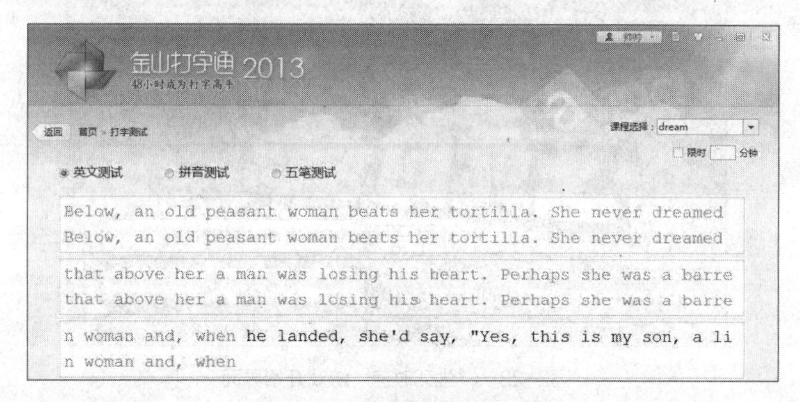

图2-21 开始测试英文打字速度

STEP 4 文章录入完成后，自动打开如图2-22所示的成绩分析统计结果。

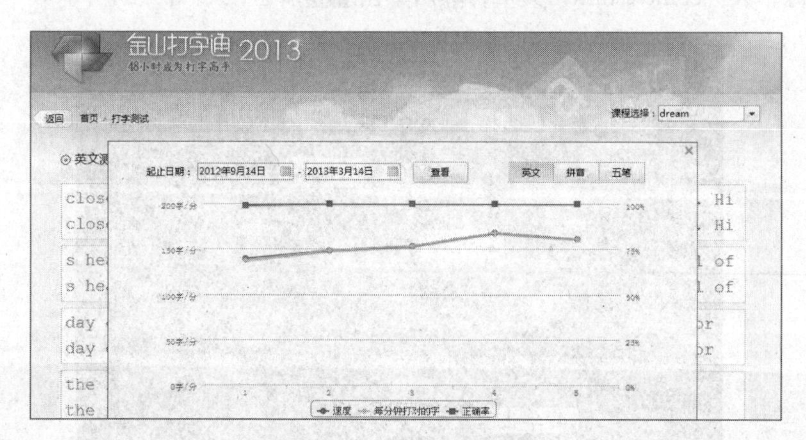

图2-22 查看测试结果

（三）运行游戏练习文章录入

完成打字测试后，用户可以试玩金山打字通2013提供的文章录入游戏“生死时速”，以此来舒缓测试时的紧张情绪。通过有趣的练习，用户可以对英文文章盲打录入的能力有所把握。其具体操作如下。

STEP 1 启动金山打字通2013的首页界面，单击右下角的打字游戏按钮。

STEP 2 打开“打字游戏”界面后，单击“生死时速”超链接，待游戏成功下载完成后，再次单击“生死时速”超链接。

“生死时速”是一款角色扮演类游戏，分为单人游戏和双人游戏两种模式。在单人游戏中，用户可以选择警察或小偷的角色练习文章，然后根据录入栏内的文章录入正确的字母就能让所选角色沿道路前进；而双人游戏需要连接互联网才能开始游戏，游戏中，选择加速道具会改变游戏难度，谁的打字速度快，谁就能获胜。

STEP 3 进入“生死时速”游戏的开始界面，单击单人游戏按钮，如图2-23所示。

图2-23 “生死时速”游戏开始界面

STEP 4 进入游戏参数设置界面，在其中可以选择人物、加速道具、练习文章，这里选择警察、自行车、“chinese film”文章，然后单击开始按钮，如图2-24所示。

图2-24 设置游戏参数

STEP 5 开始游戏，根据提示栏中显示的文章，按照正确的键盘指法录入对应的字母或标点符号，此时，所选角色将会沿着道路前进，如图2-25所示。当警察追上小偷后，游戏胜利。反之，游戏失败。

图2-25 开始“生死时速”游戏

实训一 自定义录入商务英语邀请函

【实训要求】

在金山打字通2013中录入如图2-26所示的商务英语邀请函，要求添加自定义课程，在录入过程中严格按照正确的键位指法进行盲打操作。要求限时5分钟，正确率为100%。

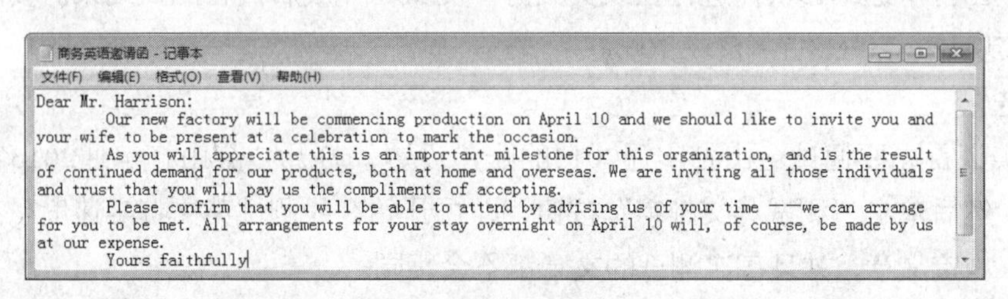

商务英语邀请函 - 记事本
文件(F) 编辑(E) 格式(O) 查看(V) 帮助(H)

Dear Mr. Harrison:
Our new factory will be commencing production on April 10 and we should like to invite you and your wife to be present at a celebration to mark the occasion.
As you will appreciate this is an important milestone for this organization, and is the result of continued demand for our products, both at home and overseas. We are inviting all those individuals and trust that you will pay us the compliments of accepting.
Please confirm that you will be able to attend by advising us of your time ——we can arrange for you to be met. All arrangements for your stay overnight on April 10 will, of course, be made by us at our expense.
Yours faithfully

图2-26 商务英语邀请函

【实训思路】

本实训首先要将商务英语邀请函添加到“打字测试”模块中的“英文测试”课程中，然后选择新添加的课程，最后再严格按规范盲打录入。出现击键错误时，可用右手小指敲击【Back Space】键删除后重新录入正确字母，以此保证正确率。

【步骤提示】

STEP 1 启动金山打字通2013，单击 打字测试 按钮，打开“打字测试”界面。

STEP 2 选中“英文测试”单选项，在“课程选择”下拉列表框中单击“自定义课程”选项卡，在打开的列表框中单击“立即添加”超链接。

STEP 3 打开“金山打字通-课程编辑器”对话框，单击右上角的“导入txt文章”超链接，在打开的“选择文本文件”对话框中选择要添加的“商务英语邀请函”（素材参见：素材文件\项目二\实训一\商务英语邀请函.txt），单击 打开(O) 按钮，如图2-27所示。

STEP 4 返回“金山打字通-课程编辑器”对话框，在“课程名称”文本框中录入“商务英语邀请函”，然后单击 保存 按钮。

STEP 5 在打开的提示对话框中单击 确定 按钮，将自定义课程成功保存至目标位置。

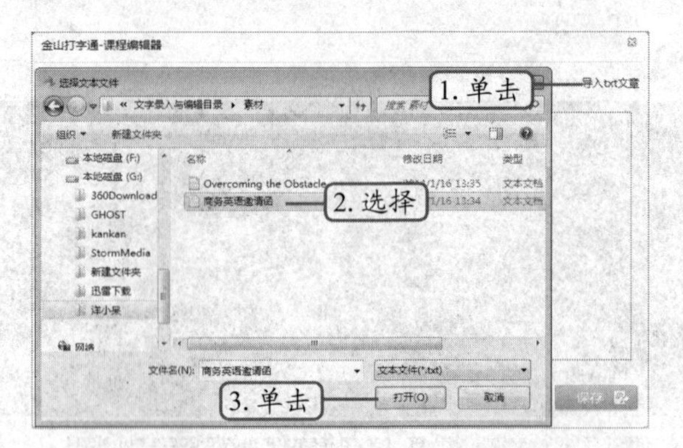

图2-27　添加自定义课程内容

STEP 6 返回"课程选择"下拉列表框的"自定义课程"列表中，单击课程名称"商务英语邀请函"，开始文章录入测试。

实训二　在线测试英文打字速度

【实训要求】

通过金山打字通2013软件进行在线英文打字测试，完成后查看测试结果。要求英文录入速度最终实现120字/分，正确率为100%。

【实训思路】

本次实训首先要通过金山打字通2013的账户设置，打开"金山打字通2013官方打字测试"网页，然后单击"测试英文打字"按钮，即可开始在线测试英文打字速度。在线对照测试只能录入规定文章，并且每次测试的文章都不会相同。

【步骤提示】

STEP 1 在首页界面单击 帅帅 账户名，在弹出的下拉列表中单击"设置"按钮，然后在展开的列表中单击"打字测试"按钮。

STEP 2 打开"金山打字通2013官方打字测试"页面后，单击"测试英文打字"按钮，如图2-28所示。

STEP 3 进入英文打字测试页面，根据网页显示的范文，正确录入相应的字母和标点。系统将从录入的第一个符号开始计时，记录相应的打字速度和正确率，如图2-29所示。

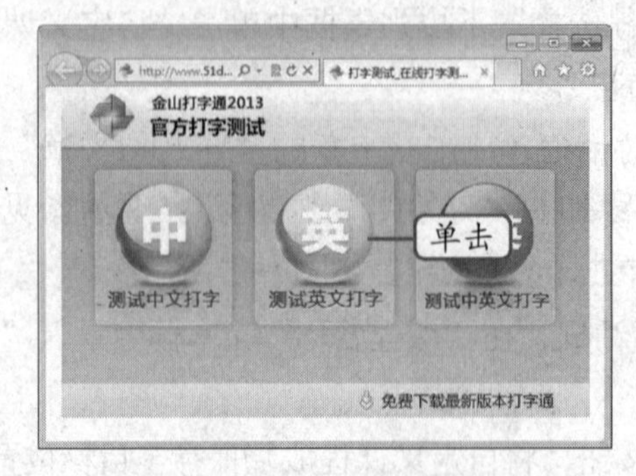

图2-28　选择测试英文打字

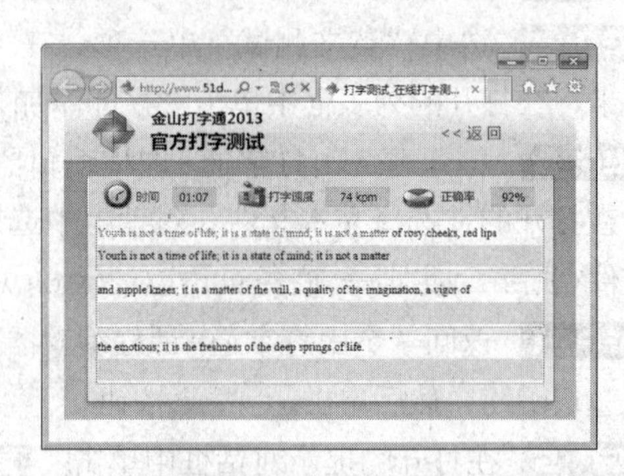

图2-29　进行英文打字测试

STEP 4 文章录入完成后，单击页面右上角的交卷>>按钮，打开如图2-30所示的测试成绩分析统计页面，通过该页面可以查看此次测试的详细结果。

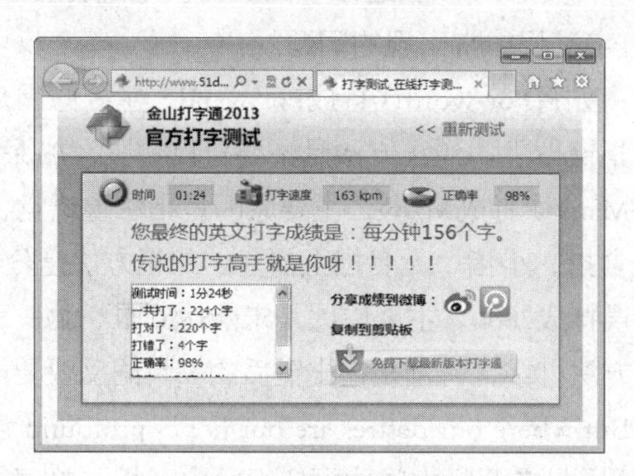

图2-30 查看测试结果

常见疑难解析

问：为什么不是txt的文本格式不能添加到金山打字通的自定义课程?

答：金山打字通2013只能导入格式为.txt的文本，对于其他格式的文本，可以将要添加的文本内容复制并粘贴到打开的“金山打字通-课程编辑器”对话框中的空白区域，也可利用文本格式转换器，将其他格式的文本转换为txt格式。

问：若没有达到语句练习过关测试的要求，又想进入文章练习，该怎么办?

答：学习知识都需要一个循序渐进的过程，如果用户希望直接进入未激活板块的练习，可以单击首页界面右下角的“设置”按钮，在弹出的菜单中选中“自由模式”单选项即可激活所有的关卡。

拓展知识

（一）英文打字训练流程

学习英文打字不能只追求速度，还应保证其正确率。此外，通过科学的训练流程才能快速掌握录入英文的技能，达到事半功倍的效果。英文打字训练流程如图2-31所示。

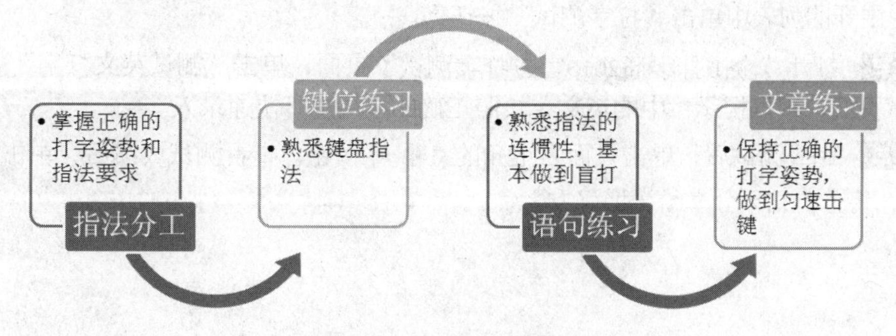

图2-31 英文打字训练流程

（二）英文录入易犯的错误

要想提高打字速度，就要针对打字过程中出现的问题进行分析并不断总结经验吸取教训。下面列举出了一些打字过程中常出现的问题。

- **左右手动作混淆**：如将For word误打成For waud，主要原因是键位印象不深刻，大多发生在中指和食指键位上。纠正方法是不要盲目贪快，加深键位排列的印象。
- **邻键混淆**：如将Many误打成Mzny，主要原因是指法上错觉，大多发生在上、下排键位之间并集中在食指、小指、无名指上居多。纠正方法是分管指法要落实。
- **倒码**：如将7086误打成7806，主要原因是未能达到眼、脑、手的协调。纠正方法是坚持分段分音节的方法打字，特别是在击键后的一瞬间反映要清晰。
- **行串组合**：如将But where our destres are our hopes profound 误打成But whee our hopes profound。主要原因是在两行中间或同一行中出现相同单词容易产生漏打。纠正方法是坚持看一打一，遵照“专注于原稿”的原则。

课后练习

（1）在记事本中进行英文文章录入练习。要求：在整个练习过程中保持正确的打字姿势和指法并坚持盲打，限时1分钟，正确率为100%。步骤提示如下。

STEP 1 选择【开始】/【所有程序】/【附件】/【记事本】菜单命令，启动记事本程序。

STEP 2 对照如图2-32所示的文章进行录入，反复练习，直到达到规定的要求。

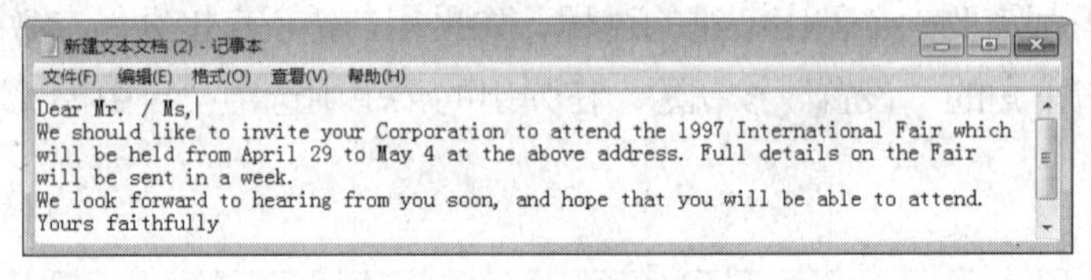

图2-32 通过文章练习综合应用能力

（2）利用金山打字通2013，在线测试英文打字速度，然后将最终测试结果分享至新浪微博。需要注意的是，在整个测试过程中不能暂停。因此，要高度提升注意力，避免影响打字速度。步骤提示如下。

STEP 1 进入金山打字通2013首页界面后，在右上角的账户下拉列表中单击“设置”按钮，在展开的列表中单击“打字测试”按钮。

STEP 2 打开“金山打字通2013官方打字测试”页面，单击“测试英文打字”按钮，进入测试页面，根据提示栏中的英文，按照正确的指法进行快速录入。

STEP 3 完成测试后，单击页面右上角的交卷 >>按钮。查看测试成绩后，单击页面中的按钮，将分析结果分享给微博好友。

PART 3

项目三 汉字录入

情景导入

阿秀：小白，通过上一章的练习，相信你已经能熟练地使用键盘进行英文录入了？

小白：是的，我已经准备好进行下一项训练了。

阿秀：没问题，接下来我会教你怎样进行中文录入。

小白：太好了，这样就能利用计算机与朋友和家人交流了。

阿秀：在练习中文录入前，首先要了解中文输入法的基本知识和掌握输入法的选择、添加、删除、切换操作，这样才能为后面的学习奠定坚实的基础。

小白：知道了，我一定会认真学习，争取在最短的时间内学会中文录入操作。

阿秀：那我们现在就开始学习吧。

学习目标

- 了解中文输入法的基础知识
- 掌握中文输入法的基本操作
- 掌握Windows 7自带中文输入法的使用
- 掌握搜狗拼音输入法的使用

技能目标

- 能够添加、删除、切换中文输入法
- 能使用Windows 7中文自带输入法录入
- 能使用搜狗拼音输入法录入

任务一 认识并设置中文输入法

中文输入法是计算机中录入中文字符的必备工具。要想熟练地进行中文文字的录入，除了要掌握键盘结构和英文录入的方法，还需对中文输入法的基本操作有所了解和认识。

一、任务目标

本任务的目标是了解汉字编码分类的依据和中文输入法中涉及的全角与半角字符的含义，掌握中文输入法的选择、添加、删除、切换等操作，以及用中文输入法录入汉字。

二、相关知识

使用中文输入法进行相关管理和操作之前，应具备认识汉字编码分类的能力。

汉字编码是为汉字设计的一种便于录入计算机的代码。目前最常用的汉字编码分类方式包括音码分类、形码分类、音形码分类等几种。

- **音码分类**：此编码方案采用汉语拼音规则对汉字进行编码，如微软拼音ABC录入风格、微软拼音输入法2007等就是采用音码分类方案。音码分类方案的优点在于：简单易学，不需要特殊记忆，只要会汉语拼音便可以录入汉字，非常适合初学者使用。但这类编码方案也有自身的缺点，即重码率多，往往需要从一大堆汉字中挑选出需要的汉字，不利于快速录入，也不适合专业文字录入人员使用。
- **形码分类**：此编码方案根据汉字的笔画、部首、字型等信息对汉字进行编码，如五笔字型输入法、表形码输入法、二码输入法等就是采用的形码分类方式。形码分类方案的优点在于：由于形码编码方案与汉字拼音毫无关系，因此形码输入法特别适合有地方口音且普通话发音不准的用户使用。形码输入法的编码方案比较精练，重码率低，经过一段时间练习后，可以达到很高的录入速度，是目前专业打字员及普通用户使用得最多的编码方案。不过，与音码输入法相比，形码输入法的缺点是很难上手，需要记忆的规则较多，长时间不用就有可能忘记。
- **音形码分类**：此编码方案针对形码与音码方案的优缺点，将二者的编码规则有机结合起来，取其精华，去其糟粕，如郑码输入法、自然码输入法、钱码输入法等就是采用的音形码分类方式。音形码输入法一般采用音码为主、形码为辅的编码方案，其形码采用“切音”法，解决了不认识的汉字的录入问题。

三、任务实施

（一）添加并删除中文输入法

当操作系统中没有需要的中文输入法时，就会通过添加和删除中文输入法的操作来对其进行管理。下面将通过添加“中文（简体）–微软拼音ABC录入风格”输入法，再删除“简体中文全拼（版本6.0）”输入法来练习管理中文输入法。其具体操作如下。

STEP 1 在任务栏右侧的输入法图标上单击鼠标右键，在弹出的快捷菜单中选择“设置”命令，如图3–1所示。

STEP 2 在打开的“文字服务和输入语言”对话框中单击[添加(D)...]按钮，如图3-2所示。

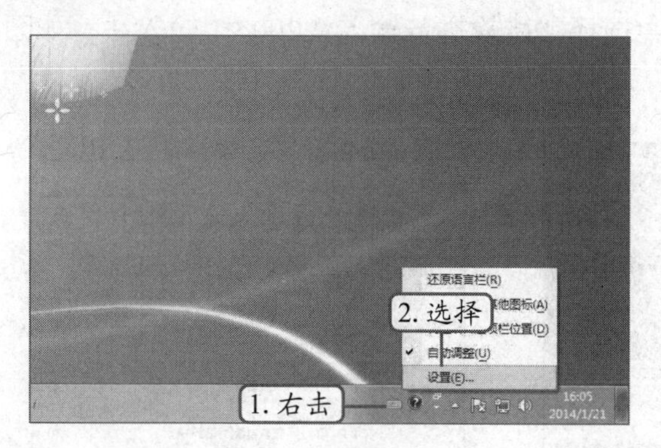

图3-1 设置输入法

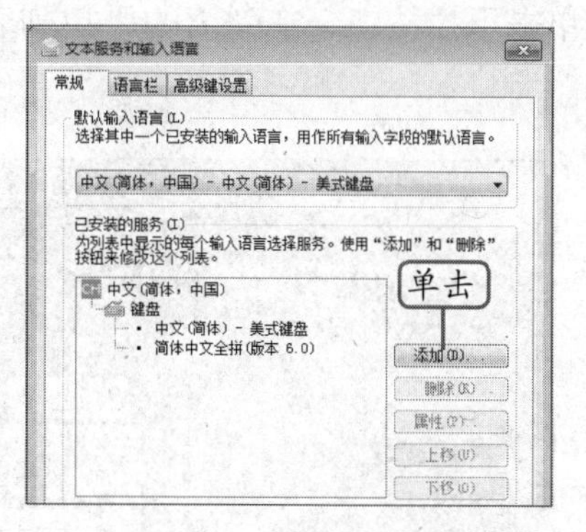

图3-2 单击“单词练习”按钮

STEP 3 在打开的“添加输入语言”对话框中单击选中“中文（简体）-微软拼音ABC输入风格”复选框，如图3-3所示，单击[确定]按钮，返回“文字服务和输入语言”对话框。

STEP 4 在“已安装的服务”栏中选择“简体中文全拼（版本6.0）”输入法，单击[删除(R)]按钮，如图3-4所示，完成后单击[确定]按钮完成练习。

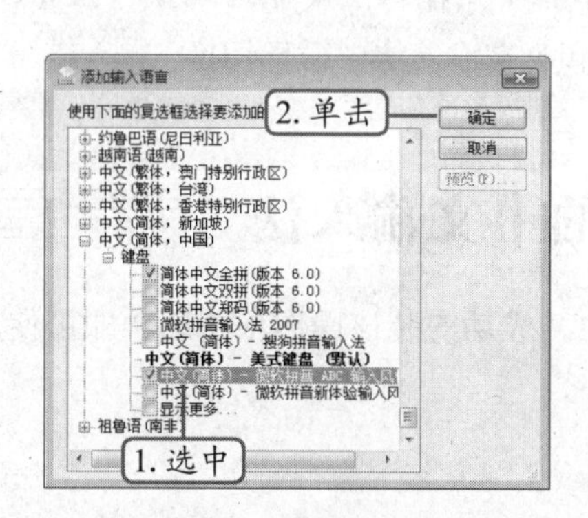

图3-3 添加输入法

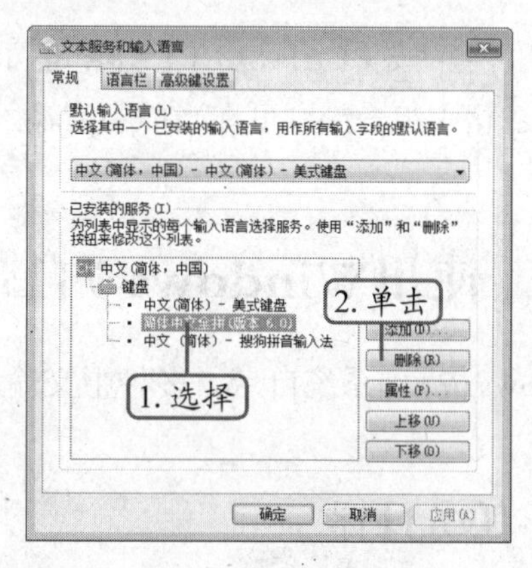

图3-4 删除输入法

操作提示

若需在添加输入法的同时快速删除另外的输入法，只需在“添加输入语言”对话框中撤销选中输入法的复选框即可。

（二）切换并设置默认输入法

当操作系统中包含多种输入法时，会涉及输入法的选择和切换操作，同时也可以将常用的输入法设置为默认输入法。下面将当前输入法切换为“简体中文全拼（版本6.0）”输入法，然后将“微软拼音输入法2007”输入法设置为默认输入法。其具体操作如下。

STEP 1 单击任务栏右侧的输入法图标，在弹出的菜单中选择“简体中文全拼（版本6.0）”输入法，如图3-5所示。

STEP 2 用鼠标右键单击任务栏右侧的输入法图标，在弹出的快捷菜单中选择“设置”命令。

STEP 3 打开“文字服务和输入语言”对话框，在“常规”选项卡的“默认录入语言”栏中单击下拉按钮，在弹出的下拉列表中选择“微软拼音输入法2007”输入法，如图3-6所示。

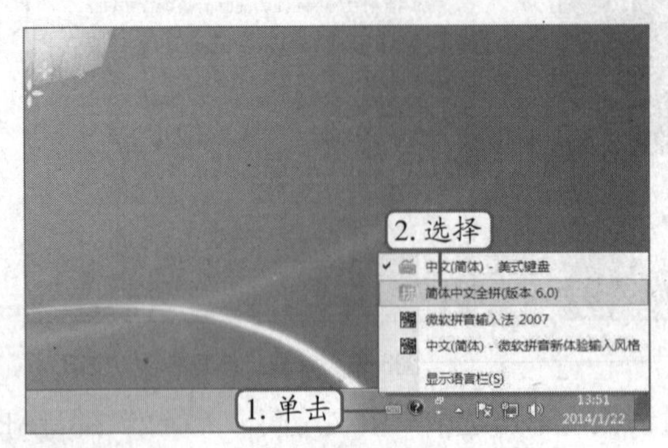

图3-5 切换输入法

图3-6 设置默认输入法

STEP 4 完成后单击 确定 按钮完成练习，再次正常启动计算机后，任务栏右侧的默认输入法将显示“微软拼音输入法2007”的图标。

操作提示

按【Ctrl+Shift】组合键可在多个中文输入法中循环切换；按【Ctrl+空格】组合键则可在当前中文输入法和英文输入法中循环切换。

任务二 使用Windows 7自带的中文输入法

Windows 7操作系统自带了多种中文输入法，成功安装该操作系统后，即可使用这些中文输入法。

一、任务目标

本任务将认识Windows 7操作系统中自带的几种常用的中文输入法，然后针对其不同的编码方式进行录入练习。

二、相关知识

在Windows 7操作系统中，Microsoft公司结合一些常用的输入法推出了免安装的绿色版本输入法。这些输入法一般体积小，占用资源少，还免除了改写注册表的烦恼，也防止了实时更新时信息遭到泄漏。下面对最常用的“简体中文全拼”输入法、“微软拼音ABC输入风格”输入法、“微软拼音输入法”进行介绍。

- **简体中文全拼**：这是一种音码输入法，直接利用汉字拼音字母作为汉字代码，只要录入中文词语的完整拼音，就能在选字框中找到需要的词语。如果该词语不在选字框中，可按【+】键或【-】键对选字框进行翻页处理，直到显示需要的词语后，按该词语左侧对应的数字键位就能将其录入到文档中，如图3-7所示。

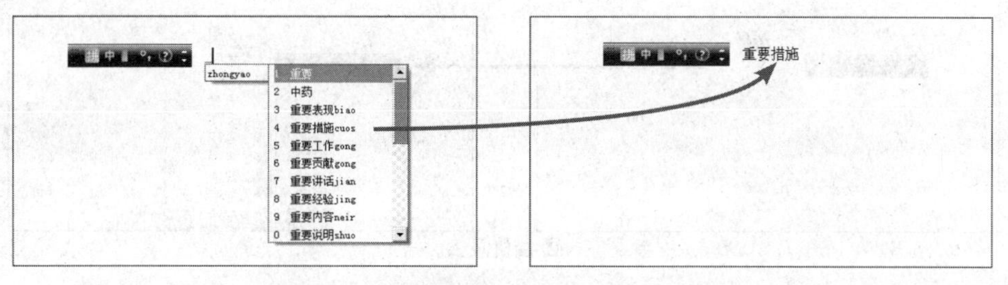

图3-7 利用“简体中文全拼”输入法录入词语

全拼输入法还提供有通配符录入的方式，假设录入“连续”一词，可在全拼输入法下录入“lianx？”，即利用“？”通配符替代该词语中最后一个“u”字母，这样选字框中将出现所有与前面5个字母相对应的符合条件的词语选项以供选择，如图3-8所示。

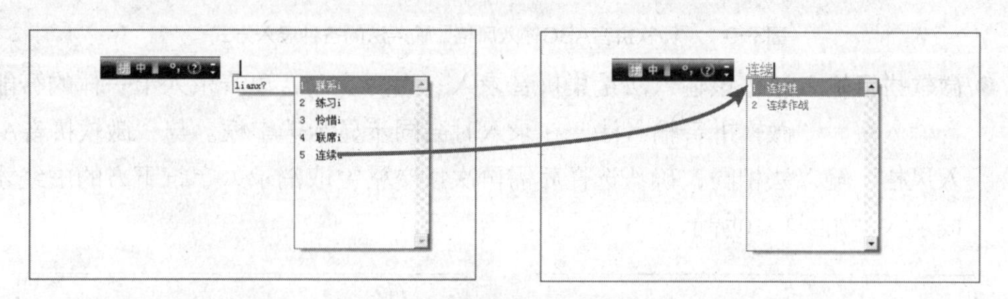

图3-8 使用通配符规则录入词语

● **微软拼音ABC输入风格**：与“简体中文全拼”输入法相比，“微软拼音ABC输入风格”输入法的录入自由度更大，它支持全拼录入、简拼录入、混拼录入等多种方式。另外，它还可以录入多个汉字的全拼编码，而不局限于两个汉字，在拼音录入时不会同步显示选择框，只有按空格键确认录入后才会显示选择框；简拼录入方式则是指录入词语中各汉字的声母编码后，通过选字框选择需要的词语，不过由于汉字的数量较多，简拼录入的方式具有重码率高的缺点；混排录入则结合了全拼录入和简拼录入两种方式，当需要录入一个二字词语时，可录入第一个汉字的声母编码和第二个汉字的全拼编码，这样既减少了按键次数，又降低了重码率。这几种录入方式的录入效果如图3-9所示。

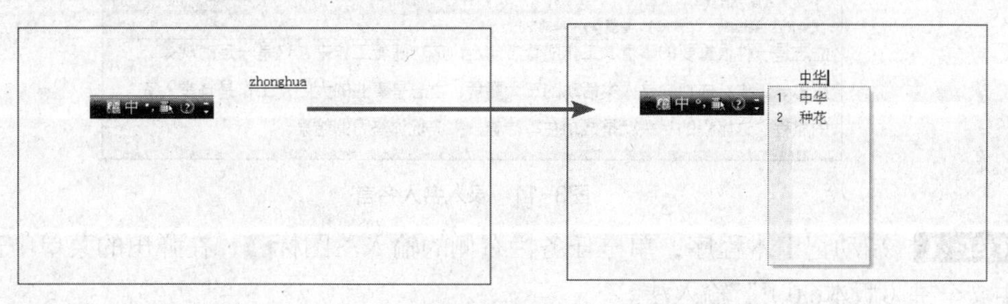

① 全拼录入

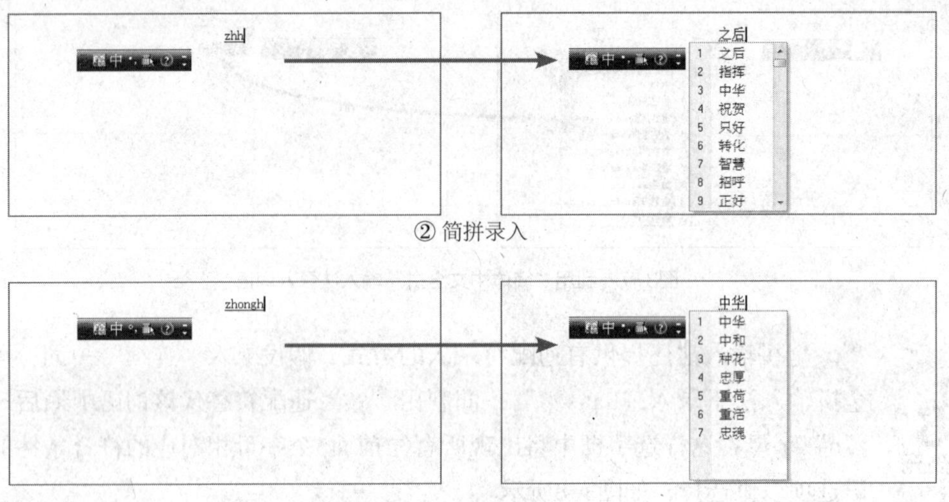

② 简拼录入

③ 混拼录入

图3-9 “微软拼音ABC输入风格”输入法的各种录入方式

- **微软拼音输入法**：该输入法是集拼音录入、手写录入、语音录入于一体的智能型拼音输入法。“微软拼音输入法”在录入时会同步显示选字框。与“微软拼音ABC输入风格”输入法相同，确认选择后需再次按空格键取消录入字符下方的虚线才能完成录入，如图3-10所示。

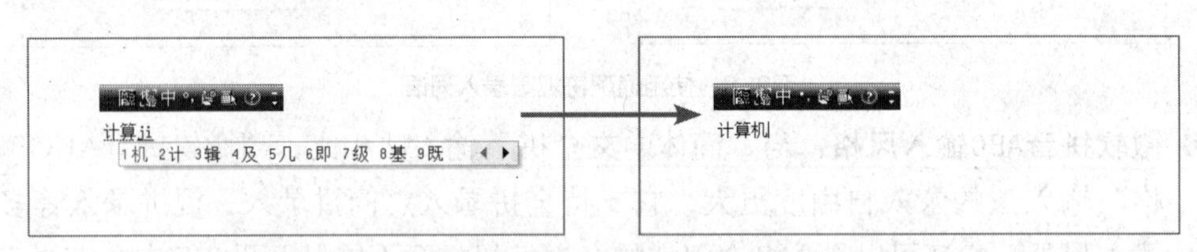

图3-10 “微软拼音输入法2007”输入法的录入方式

三、任务实施

（一）练习“简体中文全拼”输入法

认识了“简体中文全拼”输入法后，下面将使用该输入法在记事本中练习录入一则名人名言，如图3-11所示。其具体操作如下。

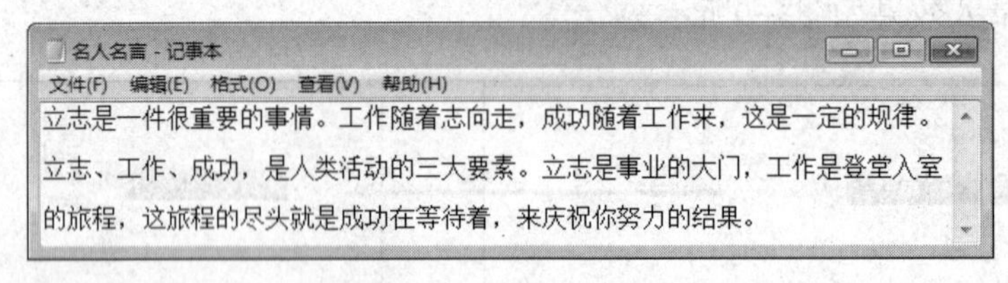

图3-11 录入名人名言

STEP 1 启动记事本程序，单击任务栏右侧的输入法图标，在弹出的菜单中选择“简体中文全拼（版本6.0）”输入法。

STEP 2 录入“立志”一词的拼音编码“lizhi”，如图3-12所示，观察选字框中“立志”

一词左侧对应的数字。

STEP 3 由于该词所对应的数字为“1”，因此可按【1】键或直接按空格键录入，如图3-13所示。

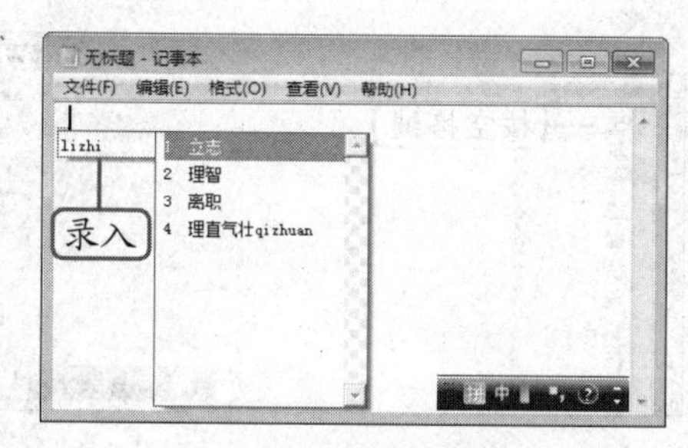

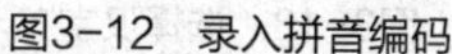

图3-12 录入拼音编码

图3-13 录入汉字

STEP 4 利用“简体中文全拼”输入法录入其他的内容。

（二）练习“微软拼音ABC输入风格”输入法

掌握了“简体中文全拼”输入法的录入规则后，下面将使用“微软拼音ABC输入风格”输入法在记事本中录入一则工作日记，如图3-14所示，以此练习该输入法全拼录入、简拼录入、混拼录入、软键盘功能的使用。其具体操作如下。

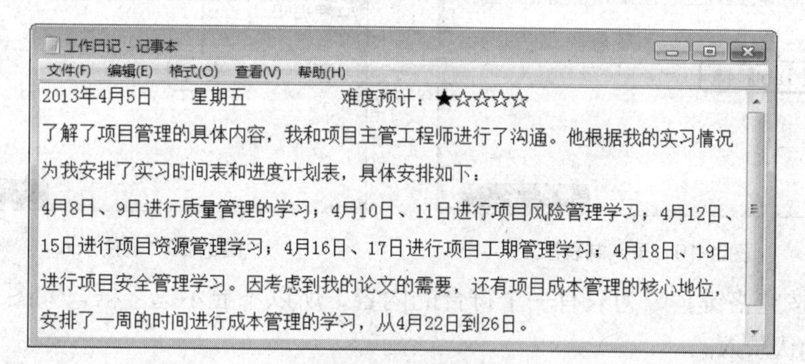

图3-14 录入工作日记

STEP 1 启动记事本程序，按【Ctrl+Shift】组合键切换到“中文（简体）-微软拼音ABC输入风格”输入法，使任务栏右侧出现该输入法对应的图标，如图3-15所示。

STEP 2 利用数字键依次录入“2013”，如图3-16所示。

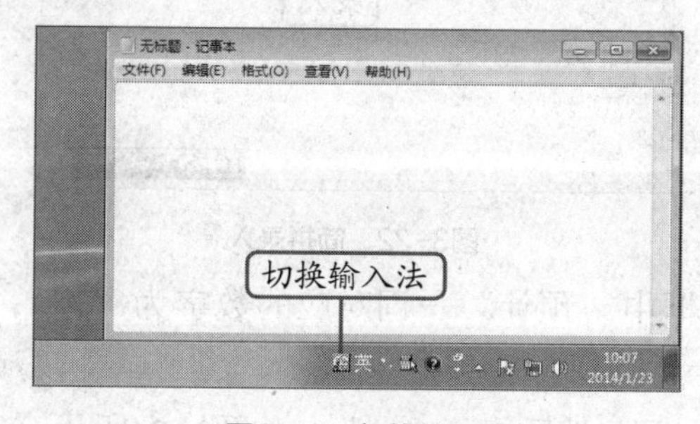

图3-15 切换输入法

图3-16 录入数字

STEP 3 录入“年”字的所有拼音编码“nian”，如图3-17所示。

STEP 4 按空格键打开选字框，在其中观察“年”字左侧对应的数字，由于该字对应的数字为“1”，因此可按【1】键或直接按空格键，便可将“年”字录入到记事本中，如图3-18所示。

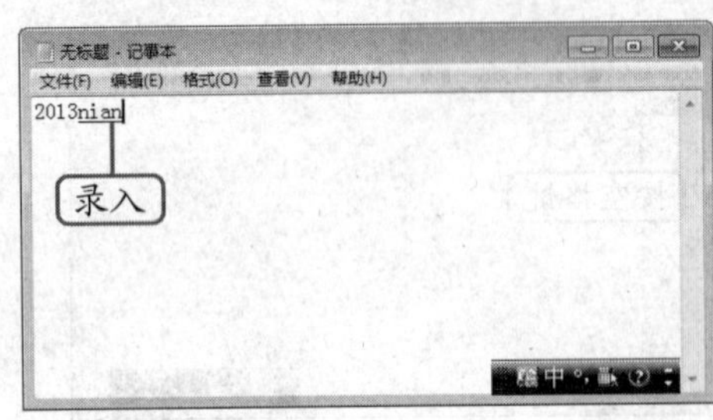

图3-17　全拼录入

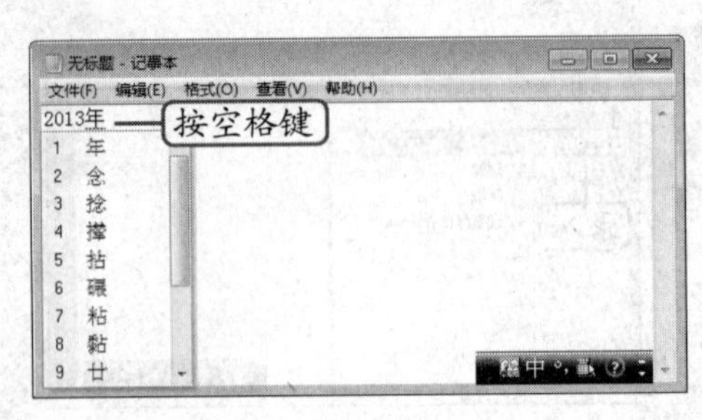

图3-18　选择汉字

STEP 5 继续利用数字键和全拼方式录入剩余日期内容，然后按【Tab】键录入制表符，如图3-19所示。

STEP 6 录入“星期五”3个字中第1个字的声母和后两个字的全部拼音“xqiwu”，如图3-20所示。

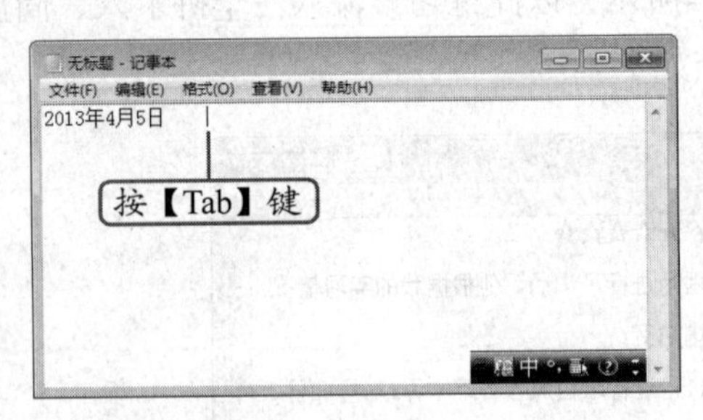

图3-19　录入制表符

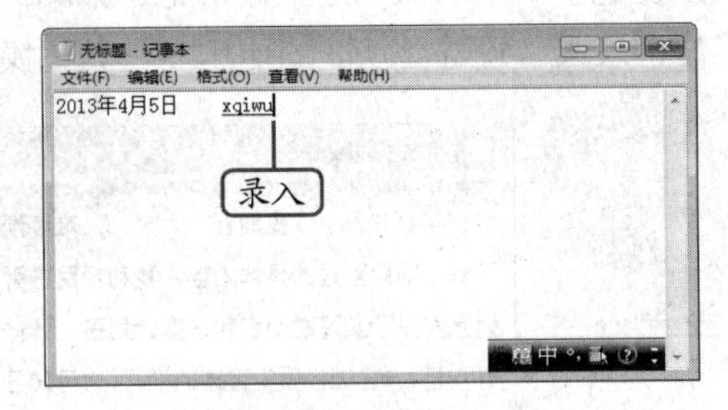

图3-20　混拼录入

STEP 7 按空格键，因为只有一个符合的内容，所以不显示选字框，如图3-21所示，直接按空格键确认录入。

STEP 8 按两下【Tab】键，录入“预计”一词的两个声母“yj”，如图3-22所示。

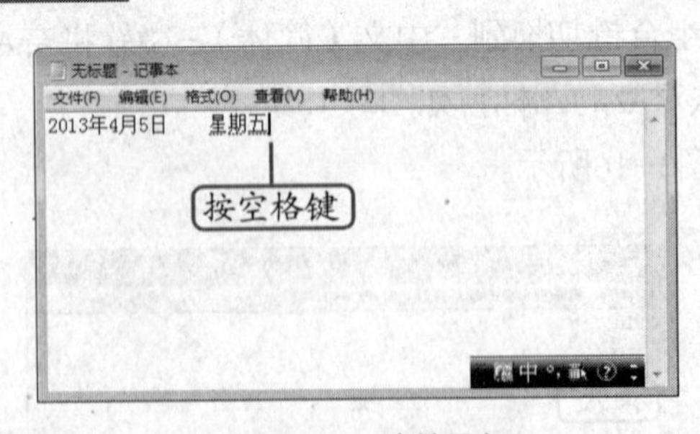

图3-21　直接录入

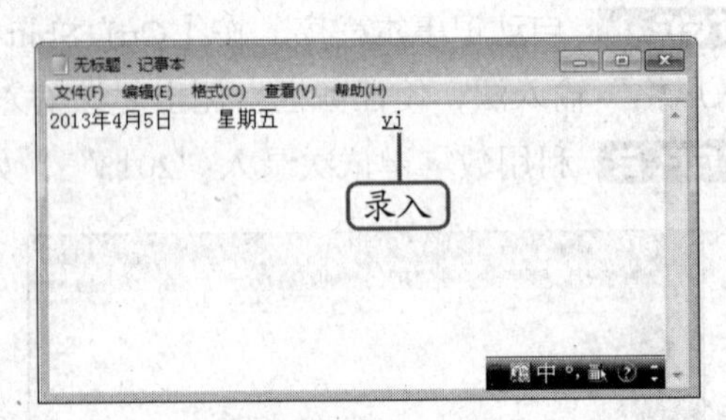

图3-22　简拼录入

STEP 9 按空格键打开选字框，由于选字框中“预计”一词对应的数字为“7”，按【7】键便可将其录入到记事本中，如图3-23所示。

STEP 10 继续利用简拼的方式录入“难度”一词，然后录入“：”，如图3-24所示。

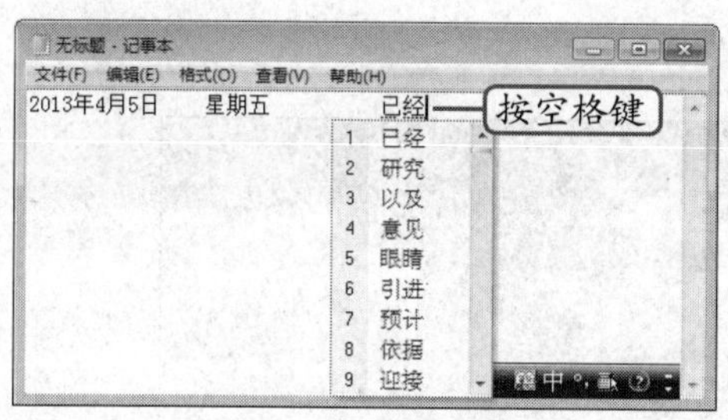

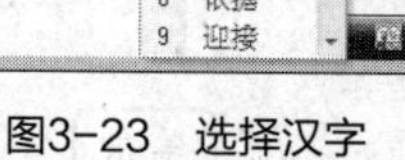

图3-23 选择汉字

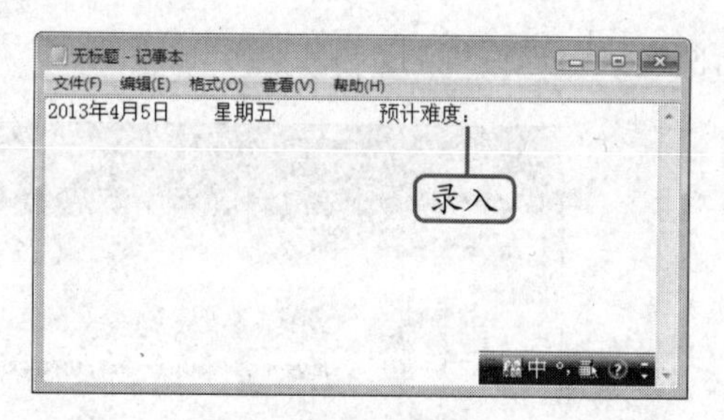

图3-24 录入汉字

STEP 11 在输入法状态栏的软键盘图标中单击“功能菜单”图标，在弹出的菜单中选择“特殊符号”命令，如图3-25所示。

STEP 12 在打开的软键盘中依次单击一次“★”符号对应的“R”键位，单击4次“☆”符号对应的“E”键位，再单击软键盘右上角的“关闭”按钮，如图3-26所示。

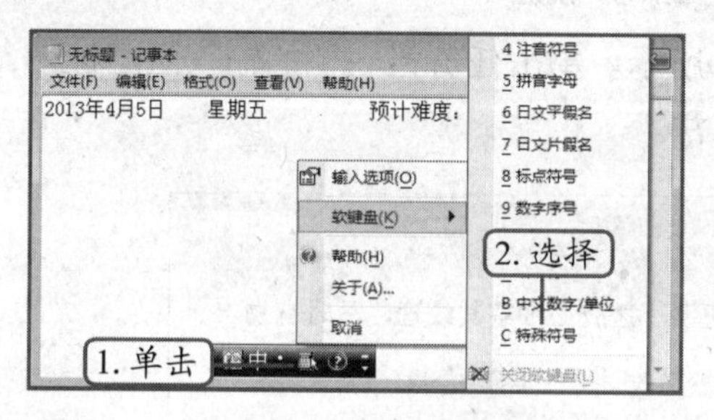

图3-25 选择软键盘类型

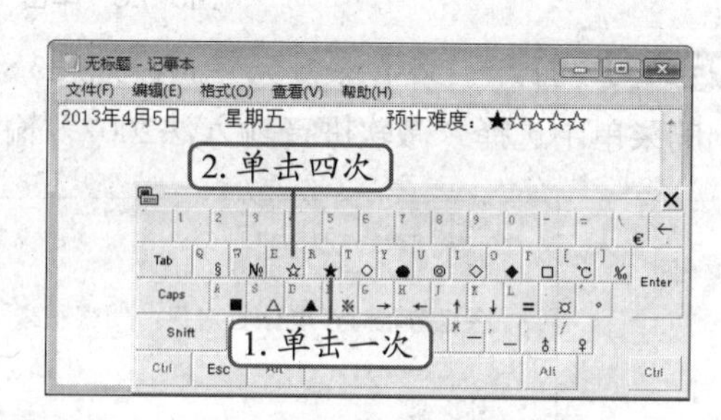

图3-26 录入特殊符号

STEP 13 综合运用全拼录入、简拼录入、混拼录入的方式继续录入工作日记的内容。

（三）练习“微软拼音”输入法

掌握了前面两种输入法后，下面将在金山打字通的“拼音打字”板块中使用“微软拼音”输入法练习文章录入，以掌握“微软拼音”输入法的录入规则。其具体操作如下。

STEP 1 启动金山打字通2013，在首页界面中单击“拼音打字”按钮，如图3-27所示。

图3-27 单击“拼音打字”按钮

STEP 2 进入“拼音打字”界面，单击“文章练习”按钮，如图3-28所示，这里使用

“自由模式”进行练习。

图3-28 单击“文章练习”按钮

STEP 3 打开“文章练习”界面，如图3-29所示。单击任务栏右侧的输入法图标，在弹出的菜单中选择“微软拼音输入法2007”输入法。

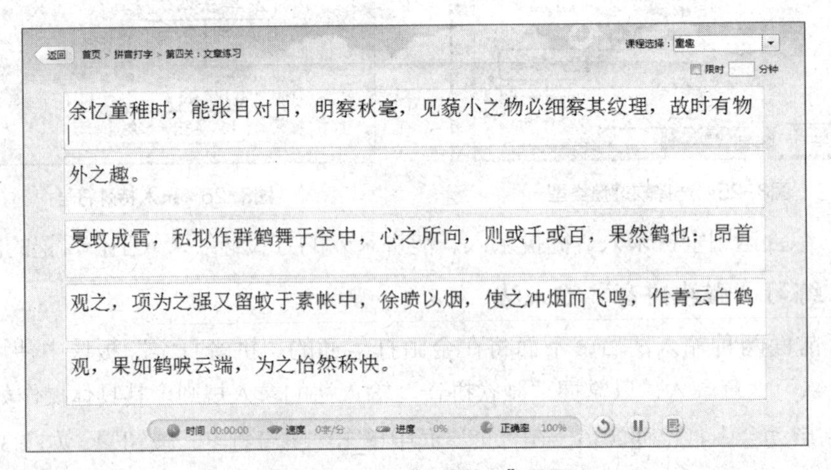

图3-29 打开“文章练习”界面

STEP 4 录入“余”字的所有拼音编码“yu”，如图3-30所示，观察选字框中“余”字左侧对应的数字。

STEP 5 由于选字框中“余”字对应的数字为“3”，因此按【3】键录入，按空格键确认录入并取消汉字下方的虚线，如图3-31所示。

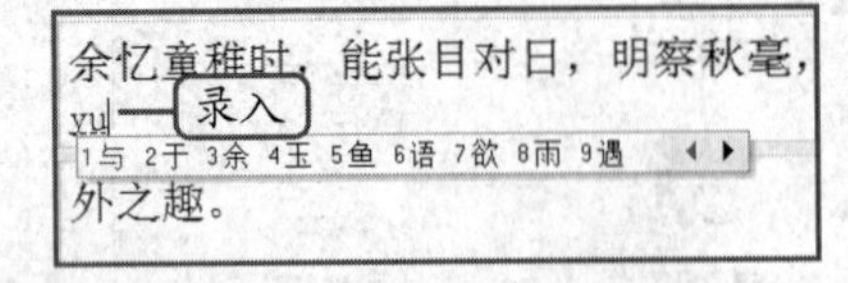

图3-30 录入拼音编码

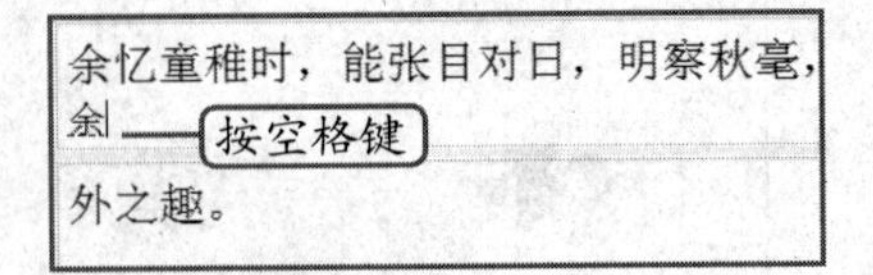

图3-31 确认录入

STEP 6 继续利用该输入法录入剩下的练习内容，注意利用微软拼音输入法录入中文时，若出现的内容不是需要的汉字，可利用方向键定位需更改的汉字，并利用【-】键或【+】键切换选字框进行选择。

任务三 使用搜狗拼音输入法

在众多中文输入法中，搜狗拼音输入法因其学习简单、入门容易、功能强大、不需记忆等优点，成为许多用户进行文字录入的首选输入法。下面将对搜狗拼音输入法的状态条和使用方法进行讲解。

一、任务目标

本任务的目标是了解搜狗拼音输入法的特点，并使用该输入法进行中文录入练习。

二、相关知识

作为具备众多特点和多种录入方式的中文输入法，搜狗拼音输入法成为了中国国内现今主流汉字拼音输入法之一。在讲解如何使用它进行文字录入前，应先对其关于文字录入方面的特点有全面的了解。

（一）搜狗拼音输入法的特点

搜狗拼音输入法采用汉语拼音编码方案，将汉字编码与汉语拼音联系起来达到录入汉字的目的。该输入法具有以下几个特殊功能。

- **模糊音**：该功能主要针对音节容易混淆的人。当启用了模糊音后，如zh和z，录入“zhi”选字框会显示“资”字，录入“zi”选字框会显示“质”字。搜狗支持的声母模糊音：s 和 sh，c和ch，z和zh，l和n，f和h，r和l，韵母模糊音：an和ang，en和eng，in和ing，ian和iang，uan和uang。图3-32所示为模糊音录入的效果。

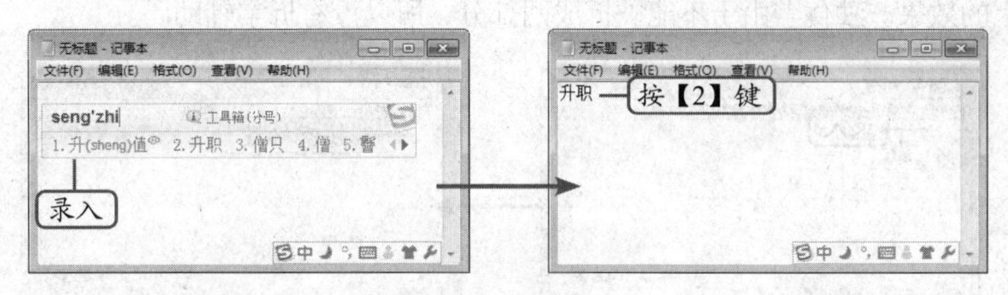

图3-32 模糊音录入

- **快速录入当前日期**：该功能可以快速录入当前的系统日期、时间、星期。输入法内置的插入项有：录入“rq”（日期的首字母），选字框会显示系统日期“2014年1月23日”；录入“sj”（时间的首字母），选字框会显示系统时间“2014年1月23日 17:34:05”；录入“xq”（星期的首字母），选字框会显示系统星期“2014年1月23日 星期四”。图3-33所示为插入当前星期的效果。

操作提示

如果录入“rq”没有显示日期选项，可单击状态条中的“菜单”按钮，在弹出的快捷菜单中选择“设置属性”命令，在打开的对话框中选择“高级”选项卡，单击“自定义短语设置”按钮，在打开的对话框中再单击“恢复默认设置”按钮进行设置。

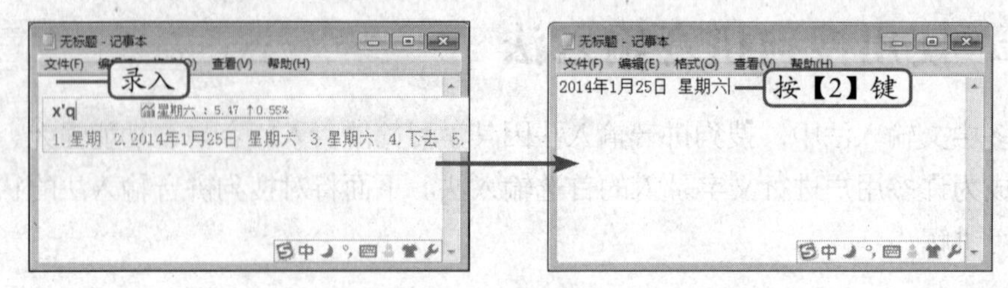

图3-33　快速录入星期

● **v模式**：该功能是一个转换和计算的功能组合。转换功能可以将阿拉伯数字转换成中文数字，减少了打字量和打字时间。方法是：按【v】键+数字，如图3-34所示即为录入金额“v56.32”的效果。

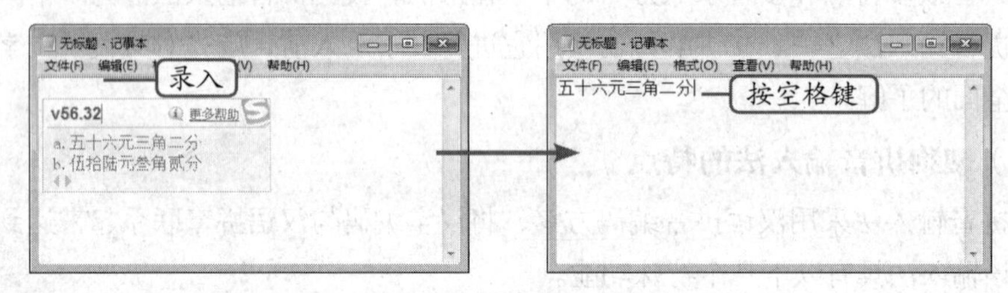

图3-34　v模式录入金额

● **拆字辅助码**：该功能可在选字框中快速定位，如录入汉字“槿”，录入【jin】，在选字框中排位靠后或找不到，此时可按下【Tab】键，再录入“槿”的两部分“木”和“堇”的首字母mj，即可看到选字框显示【槿】字，如图3-35所示为录入“槿”字的效果。独体字由于不能被拆成两部分，所以没有拆字辅助码。

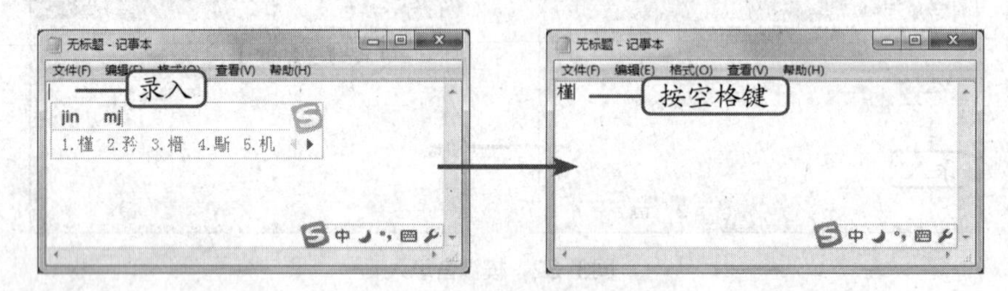

图3-35　拆字辅助码录入汉字

● **生僻字录入**：该功能是针对有些知道文字的组成部分，却不知道文字的读音的情况下，将字化繁为简再录入。方法是：按【u】键+生僻字的组成部分的拼音。图3-36所示为录入“瓯”字的效果。

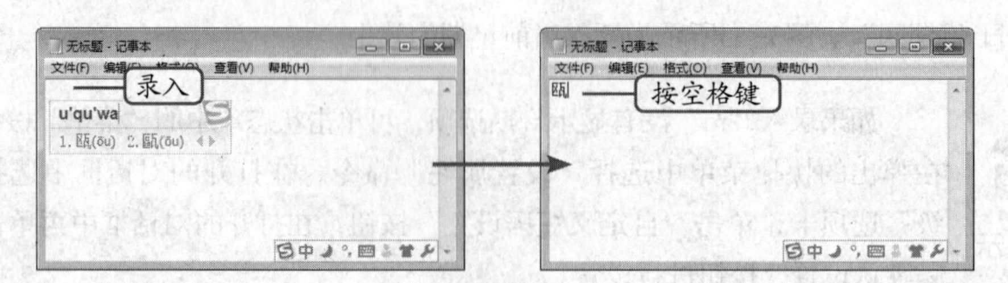

图3-36　生僻字录入汉字

（二）区分字符全角和半角

在介绍搜狗拼音输入法状态条之前，应对全角和半角字符的基础知识有相应的了解。

全角是指一个字符占用两个标准字符位置，半角是ASCII方式的字符，是指在没有汉字输入法起作用的情况下录入的字符。默认情况下，英文字母、数字、英文标点符号等都是半角字符，中文文字和中文标点符号则是全角字符，如图3-37所示。

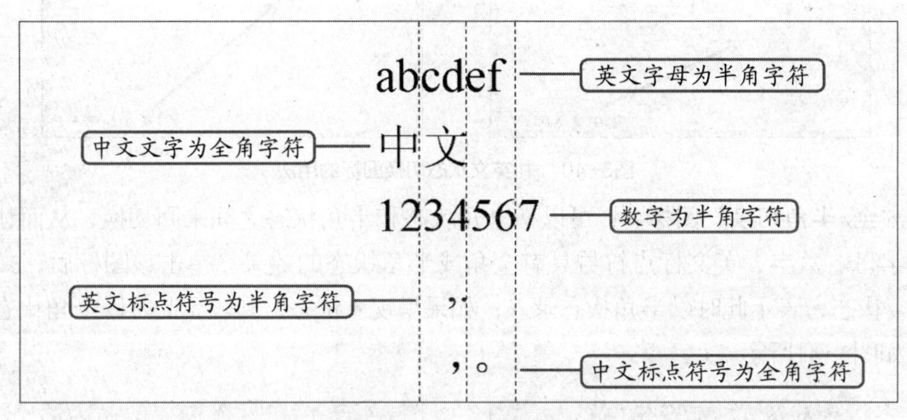

图3-37　全角与半角字符

（三）认识搜狗拼音输入法的状态条

与英文输入法相比，每种中文输入法都有其特有的状态条，利用此状态条可以更好地进行中文录入。下面以搜狗拼音输入法的状态条为说明对象，介绍该工具的使用方法，其他中文输入法的状态条用法与此类似。

切换到搜狗拼音输入法后，就可以看到其状态条。如图3-38所示，从左至右的图标名称依次为：按钮设置图标、中/英文状态切换图标、全/半角切换图标、中/英文标点切换图标、软键盘图标、菜单图标。

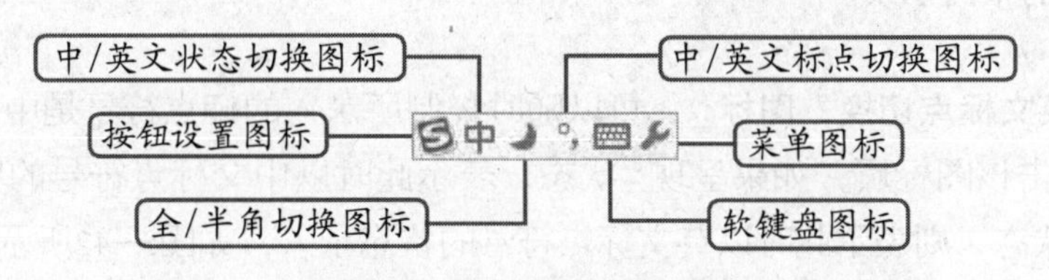

图3-38　搜狗拼音输入法状态条

- “按钮设置”图标：单击该图标，在打开的菜单中可以对状态条上的功能图标进行增减，也可以设置图标颜色并进行预览，如图3-39所示。

图3-39　“按钮设置图标”菜单

● “中/英文状态切换”图标中：实现在中文录入和英文录入状态之间来回切换。单击该图标后，如果呈现中状态，表示此时可录入中文；如果呈现英状态，表示此时可录入英文，如图3-40所示。

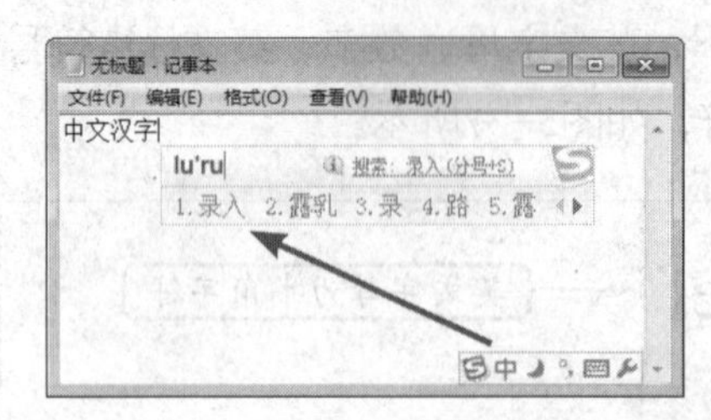

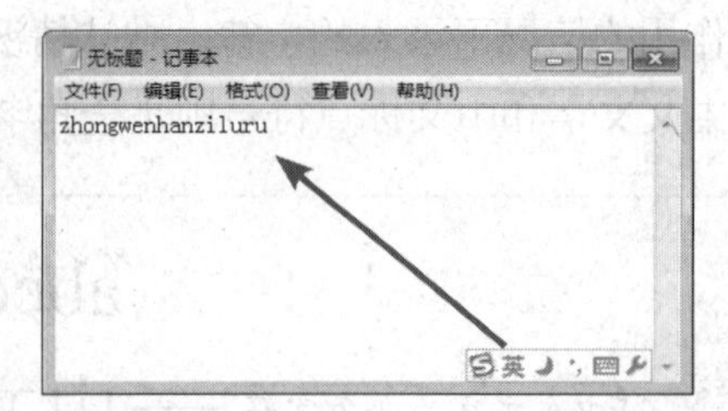

图3-40 中/英文状态切换图标的用法

● “全/半角切换”图标：可以在全角状态和半角状态之间来回切换，从而让录入的字母、数字、英文标点符号具有全角或半角状态的效果。单击该图标后，如果呈现状态，表示此时以半角状态录入；如果呈现●状态，则表示此时以全角状态录入，如图3-41所示。

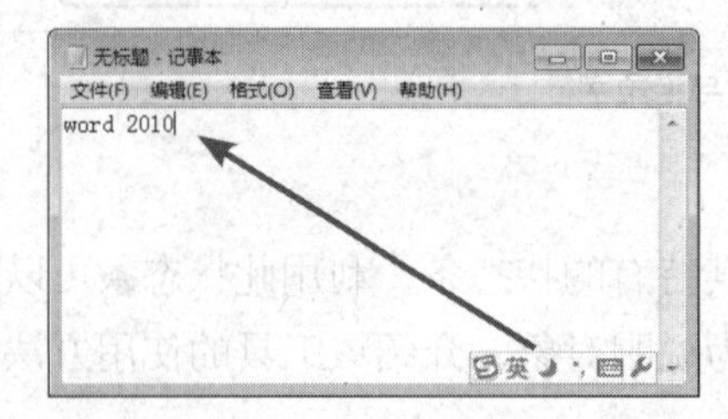

图3-41 全/半角切换图标的用法

直接按键盘上的【Shift+空格】组合键可快速实现在全角和半角状态之间的来回切换。

● “中/英文标点切换”图标：可以随时控制所录入的标点符号是中文状态或英文状态。单击该图标后，如果呈现状态，表示此时以中文标点符号的状态录入；如果呈现状态，则表示此时以英文标点符号的状态录入，如图3-42所示。

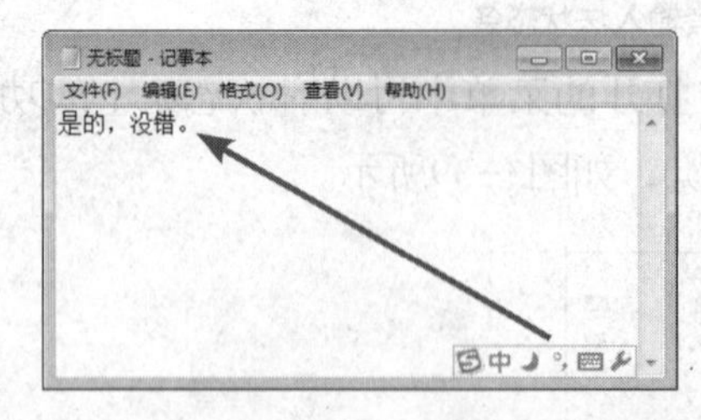

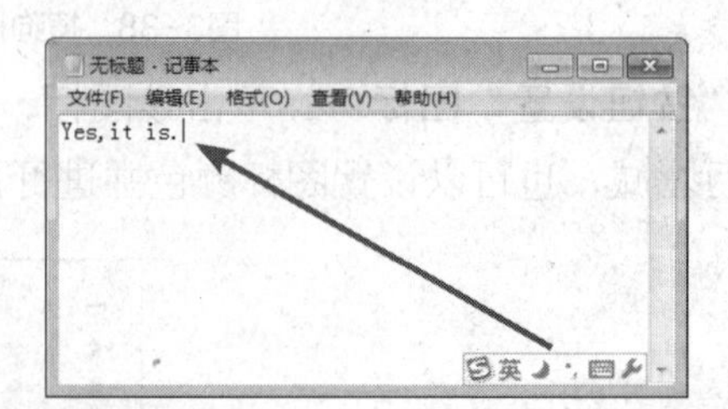

图3-42 中/英文标点切换图标的用法

一般情况下，无特殊规定和要求，应严格按照中英文录入规则的规定选择正确的标点符号状态，如中文的句号为“。”，英文的句号为“.”。

- **“软件盘”图标**：可以打开一个模拟键盘，在其中可通过单击相应的键位在文档中录入对应的内容或符号。图3-43所示为软键盘显示的界面。

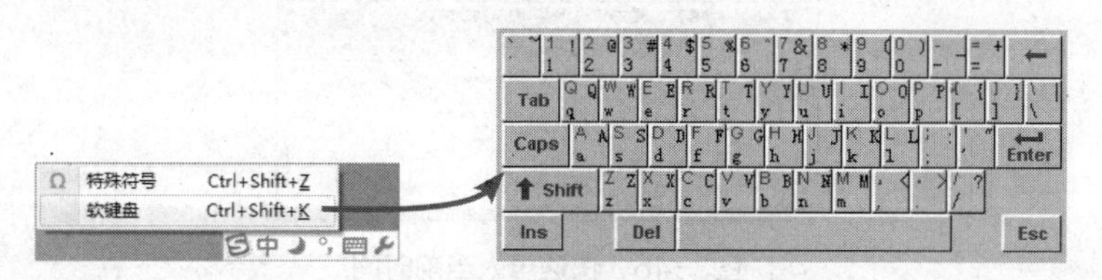

图3-43 显示相应符号类别的软键盘

如需录入软键盘中某个键位中的符号，按住【Shift】键的同时单击对应的键位即可。

- **“菜单”图标**：单击“菜单”图标，在弹出的菜单中可对输入法进行详细的设置。

三、任务实施

（一）练习“搜狗拼音输入法”

认识了搜狗拼音输入法的特点以及状态条的作用后，下面先将状态条的图标调整为喜欢的样式，再在记事本中录入当前计算机的时间，如图3-44所示。其具体操作如下。

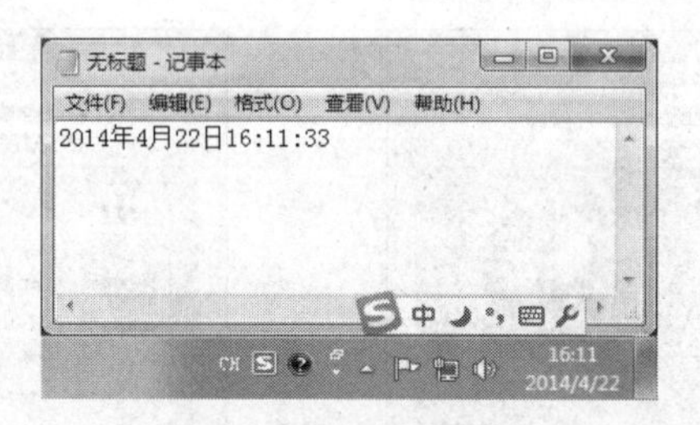

图3-44 录入当前时间

STEP 1 启动记事本程序，单击任务栏右侧的输入法图标，在弹出的菜单中选择“搜狗拼音输入法”。

STEP 2 在搜狗拼音输入法的状态条中单击“按钮设置”图标，在弹出的菜单中可以根据习惯设置状态条的样式，这里选中“全”复选框，其他保持默认不变，如图3-45所示。

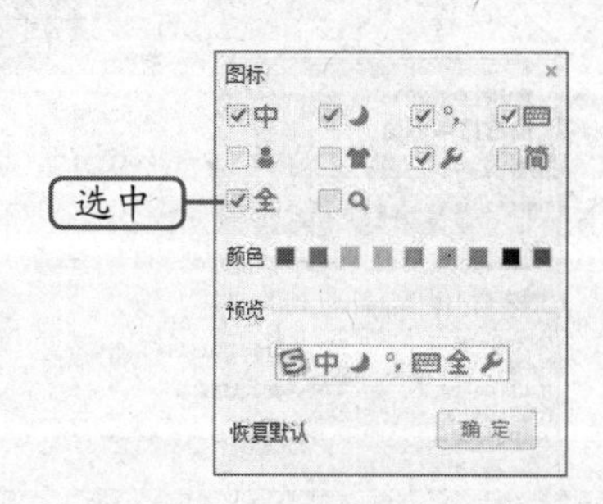

图3-45 “按钮设置图标”菜单

STEP 3 录入“sj”，即可看到选字框显示的选项，如图3-46所示。由于选字框中所需选项对应的数字为“2”，因此按【2】键录入。

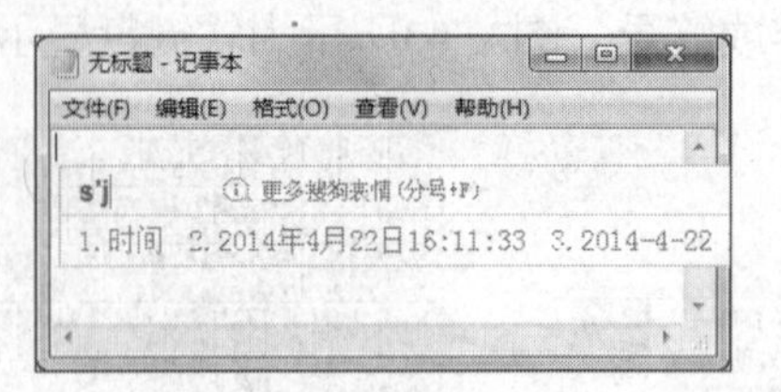

图3-46 快速录入当前时间

（二）在线测试中文打字速度

与前面练习的在线英文打字测试相同，每次测试的文章都不会相同。下面将通过金山打字通2013软件进行在线中文打字测试，其具体操作如下。

STEP 1 在首页界面单击 帅帅 账户名，在弹出的下拉列表中单击“设置”按钮，然后在展开的列表中单击“打字测试”按钮。

STEP 2 打开“金山打字通2013官方打字测试”页面后，单击“测试中文打字”按钮，如图3-47所示。

STEP 3 进入中文打字测试页面，根据网页显示的范文，正确录入相应的文字和标点。系统将从录入的第一个符号开始计时，记录相应的打字速度和正确率，如图3-48所示。

图3-47 选择测试中文打字

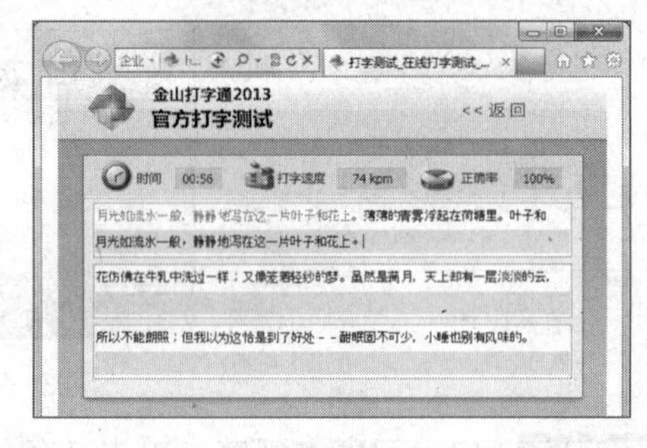

图3-48 进行中文打字测试

STEP 4 文章录入完成后，单击页面右上角的交卷>>按钮，打开如图3-49所示的测试成绩分析统计页面，通过该页面可以查看此次测试的详细结果。

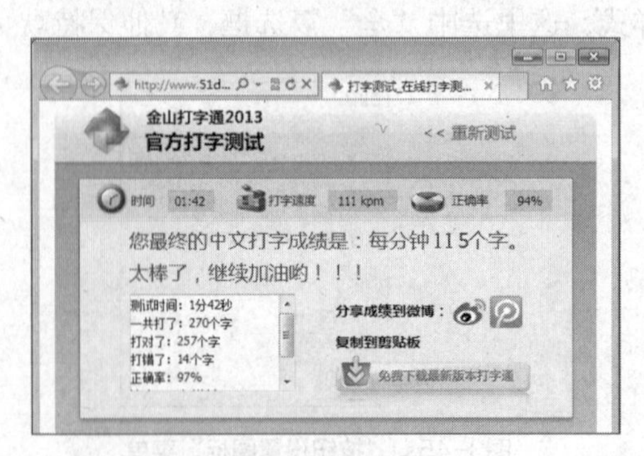

图3-49 查看测试结果

实训一 使用拼音输入法录入文章

【实训要求】

在记事本中录入如图3-50所示的工作感悟，要求添加“简体中文全拼（版本6.0）”输入法并进行录入。要求限时5分钟，正确率在95%以上。

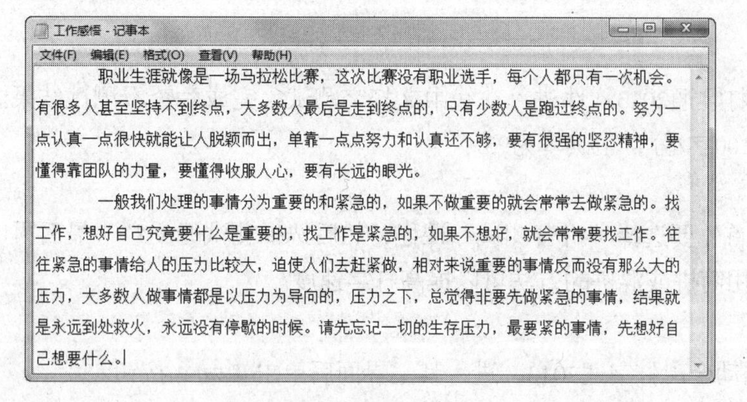

图3-50 录入工作感悟

【实训思路】

本实训首先在任务栏右侧的输入法图标上单击鼠标右键，在弹出的快捷菜单中选择“设置”命令，打开“文本服务和输入语言”对话框进行设置，然后单击任务栏右侧的输入法图标切换输入法，最后使用“简体中文全拼（版本6.0）”输入法进行文字录入。

【步骤提示】

STEP 1 启动记事本程序，用鼠标右键单击任务栏右侧的输入法图标，在弹出的快捷菜单中选择“设置”命令。

STEP 2 打开“文字服务和输入语言”对话框，单击“添加(D)...”按钮，如图3-51所示。

STEP 3 打开“添加输入语言”对话框，单击选中“简体中文全拼（版本6.0）”复选框，如图3-52所示，然后单击“确定”按钮，返回“文字服务和输入语言”对话框，单击“确定”按钮。

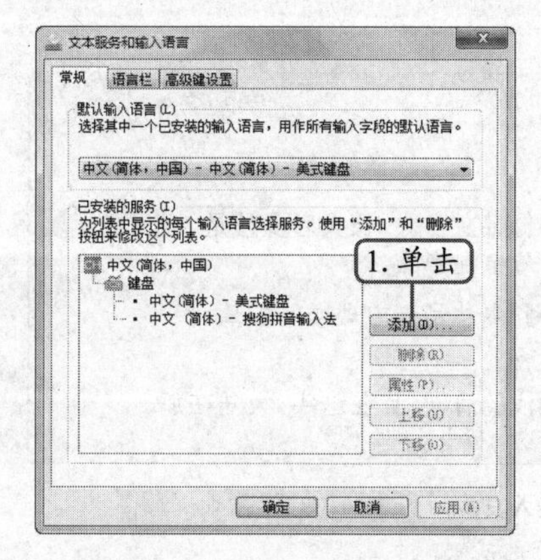

图3-51 单击“添加”按钮

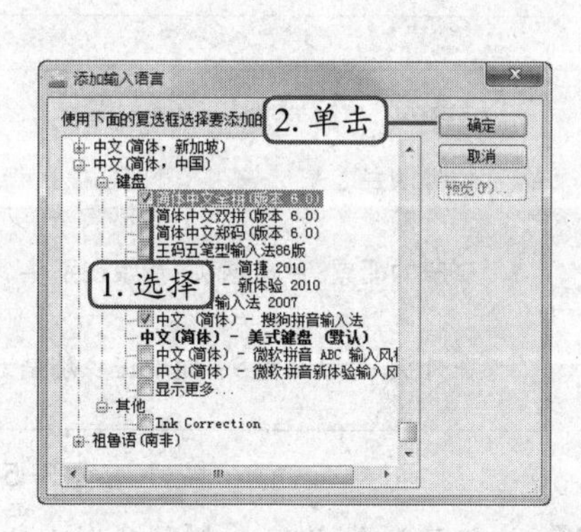

图3-52 添加输入法

STEP 4 单击任务栏右侧的输入法图标，在弹出的菜单中选择“简体中文全拼（版本6.0）”输入法。

STEP 5 使用“简体中文全拼（版本6.0）”输入法开始文章录入练习。

实训二 在金山打字通中测试中文打字速度

【实训要求】

通过金山打字通2013软件进行在线中文打字测试，完成后查看测试结果。要求中文录入速度最终实现100字/分，正确率为95%。

【实训思路】

本次实训首先要选择“拼音测试”课程，然后选择测试的文章，最后再严格按要求进行录入，适当运用简拼或混拼的方法可以提高打字速度。

【步骤提示】

STEP 1 启动金山打字通2013，进入其主界面后单击打字测试按钮。

STEP 2 选中“拼音测试”单选项，然后在“课程选择”下拉列表框的“默认课程”选项卡中选择“乡愁”课程，如图3-53所示。

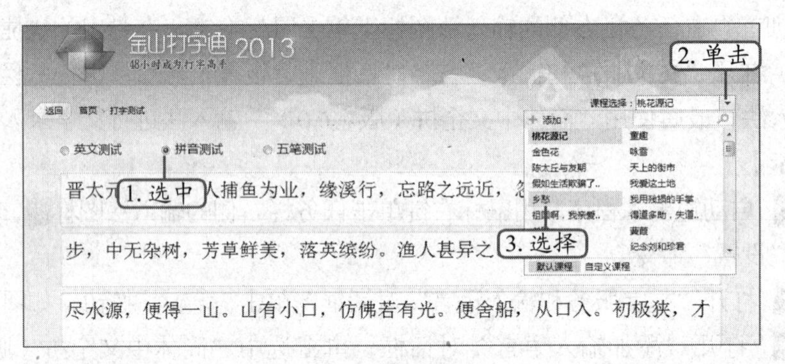

图3-53 设置测试内容

STEP 3 返回“打字测试”界面，开始文章录入练习，如图3-54所示。遇到空格时，只需要敲击【Space】键即可。

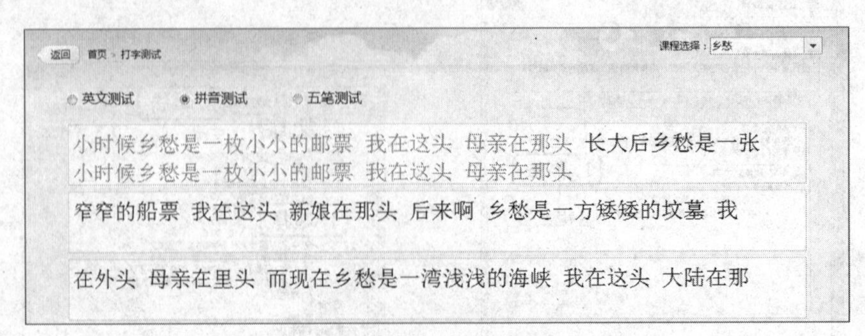

图3-54 录入文章

STEP 4 文章录入完成后，会自动弹出成绩分析统计结果。

常见疑难解析

问：使用微软拼音ABC输入风格输入法录入“彼岸”一词时，为什么出现的是“变”字，而选字框中并未出现“彼岸”一词？

答：这是因为输入法默认将“bian”编码判断为一个完整的拼音编码，而不是由“bi”和“an”两个拼音编码组成的情况。当需要录入这类特殊的拼音编码组成的词组时，可利用隔音符号“'”进行录入。例如，录入“bian”时，可在录入“bi ”编码后，录入“'”符号将编码分隔，然后录入“an”编码即可，即“bi'an”，按【Space】键即可录入“彼岸”一词。

问：在使用Windows 7操作系统时，为什么输入法图标没有显示在任务栏右侧？

答：这可能是因为不小心将输入法还原的缘故，此时只需单击该界面右上角的“最小化”按钮，即可将其重新放置到任务栏右侧。若想重新还原，则需在输入法图标上单击鼠标右键，在弹出的快捷菜单中选择“还原语言栏”命令。

拓展知识

（一）汉字编码

所有字符在计算机中都是按二进制编码来表示的。计算机无法直接识别录入的文字，所以必须将录入的文字转换成计算机识别的二进制编码。

目前国际通用的编码为7位版本的ASCII，即使用7位二进制数来表示英文字母、数字、符号。各个国家将7位版本的ASCII扩充为8位版本的ASCII，以此作为自己国家语言文字的代码。7位版本ASCII码的最高位为0，而8位版本的ASCII的最高位则为1。汉字编码可以分为内码、交换码和输出码。

- **内码**：内码是在设备和系统内部处理时使用的汉字代码。向计算机录入汉字的外码后，必须转换为内码才能进行存储和计算等处理。中文信息处理系统有不同的代码系列，其内码也不相同，有两字节、三字节、四字节内码等，国际标准字符集规定每个符号都使用两字节代码。汉字的内码包括存储码、运算码、传输码3种。存储码为长短不等的代码，用于存储汉字信息内容；运算码一般为等长码，用于参与各种运算处理；传输码也多为等长码，用于传输系统内部的汉字。内码通常是按照汉字在字库中的物理位置来表示的，两字节内码一般不与西文内码发生冲突，并且与标准交换码存在简明的对应关系，从而保证中西文的兼容性。
- **交换码**：交换码是在系统或计算机之间进行信息交换时所用的代码，是中文信息处理技术的基础编码。目前，我国使用的汉字交换码分别有GB 1988和GB 2312—80。GB 1988与国际通用的基本代码集相同，主要用于表示字母、数字以及符号。而GB 2312—80则是我国标准的汉字交换码，该字符集中每个符号都使用两个字节表示，每个字节采用7位二进制值表示。基本字符集的内码与国际码有明确的对应关系，称为“高位加1法”，即将国际码加上1，就可以得到对应的内码。反之，也可以通过汉字的交换码得到它的国际代码。

- **输出码**：输出码也称为汉字的字形码，是对汉字字形进行数字化点阵后的一串二进制数值。在计算机中录入汉字编码后，系统会自动转换为内码对汉字进行识别，然后将内码转换为输出码，将汉字在屏幕中显示出来或通过打印机打印出来。

（二）汉语拼音表

汉语拼音是拼写汉民族标准语的拼音方案，如图3-55所示为声母、韵母表。注意键盘上的【V】键代替“ü”，一般只用来拼写外来语、少数民族语言和方言。

b	p	m	f	d	t	n	l	g	k	h	j	q	x	
玻	坡	摸	佛	得	特	讷	勒	哥	科	喝	鸡	欺	西	
zh	ch	sh		r	z	c	s		y	w				
知	吃	诗		日	资	刺	思		衣	乌				
a	o	e	i	u	ü	ai	ei	ui	ao	ou	iu	ie	üe	er
啊	喔	鹅	衣	乌	鱼	哀	诶	威	熬	欧	优	耶	约	耳
an	en	in	un	ün			ang	eng	ing	ong				
安	恩	因	温	晕			昂	亨	英	翁				

图3-55　汉语拼音声母、韵母表

课后练习

（1）查看当前系统中已添加的中文输入法。

（2）通过添加和删除输入法的操作，将系统中的输入法保留为简体中文全拼输入法、微软拼音ABC输入风格输入法、微软拼音输入法、搜狗拼音输入法。

（3）启动记事本程序，在几种输入法之间切换并熟悉输入法状态条上各图标的作用并尝试录入文章。

（4）利用金山打字通2013，在线测试中文打字速度，然后查看最终的测试结果。注意在录入前切换不同输入法进行录入，仔细体会输入法之间的不同，找到最适合自己的输入法。步骤提示如下。

STEP 1　进入金山打字通2013首页界面后，在右上角的账户下拉列表中单击“设置”按钮，在展开列表中单击“打字测试”按钮。

STEP 2　打开“金山打字通2013官方打字测试”页面，单击“测试中文打字”按钮中，进入测试页面。

STEP 3　单击任务栏右侧的输入法图标，在弹出的菜单中选择输入法，根据提示栏中的中文进行快速录入。

STEP 4　完成测试后，单击页面右上角的交卷 >>按钮，查看测试成绩后对每种使用输入法的情况进行分析。

PART 4

项目四 认识五笔字型的字根

情景导入

阿秀：这段时间你的键盘指法和盲打能力有了不小的进步，我准备教你五笔字型输入法。

小白：太好了，我一直很想用五笔字型输入法录入汉字！

阿秀：由于五笔字型输入法是一种典型的形码输入法，因此，在学习五笔字型输入法之前，首先要学习汉字字型的基础知识，即从字根开始学习。

小白：原来如此，我还真不知道。

阿秀：记住，熟悉五笔字根并掌握字根在键盘上的分布是学习五笔输入法的重点。

小白：好的，我会认真学习的。

学习目标

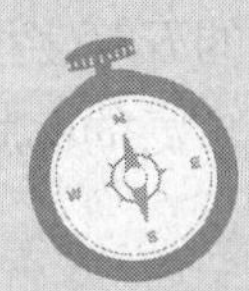

- 掌握王码五笔输入法的版本
- 掌握五笔字根的基础知识
- 分区记忆五笔字根在键盘中的分布
- 掌握字根拆分原则

技能目标

- 学会安装和切换五笔字型输入法
- 学会设置和删除五笔字型输入法
- 熟记五笔字根在各键位中的分布情况
- 灵活运用字根拆分原则

任务一 认识王码五笔字型输入法

五笔字型输入法是目前最常用的汉字输入法之一，发明人为王永民，后来又逐渐衍生出许多其他类型的五笔字型输入法，如极点五笔、万能五笔、搜狗五笔、陈桥五笔等。

一、任务目标

本任务将认识五笔字型输入法，并练习使用五笔字型输入法的基本操作。通过本任务的学习，可以根据实际需求，添加适合的五笔字型输入法进行日常工作、学习。

二、相关知识

五笔字型输入法根据构成汉字字根的特征和字型结构确定汉字的编码，是典型的形码输入法。下面将对五笔字型输入法进行介绍。

（一）五笔字型输入法简介

五笔字型输入法之所以能在各种汉字输入法中独占一席，主要是与拼音输入法相比，具有以下几点优势。

- **击键次数少**：使用拼音输入法录入完拼音编码后，需按空格键确认录入，增加了击键次数。而使用五笔字型输入法录入一组编码最多只需击键4次，若录入4码汉字则不需要按空格键确认，从而提高打字速度。
- **重码少**：使用拼音输入法录入汉字时，由于同音的字词较多，经常出现重码，此时需按键盘上的数字键来选择录入。若需选择的汉字未在选字框中，还需翻页选取。而使用五笔字型输入法出现重码的现象较少，一般录入编码即可满足条件。
- **不受方言限制**：使用拼音输入法录入汉字，要求用户掌握录入汉字的标准读音，这对普通话不标准的用户来说十分困难。而用五笔字型输入法录入汉字时，用户即使不知道汉字的读音，也能根据字型进行录入。

（二）王码五笔字型输入法的版本

五笔字型输入法自1983年诞生以来，共有三代定型版本：第一代的86版、第二代的98版、第三代的新世纪五笔字型输入法，这3种五笔统称为王码五笔。目前，常用的五笔字型输入法是86版王码五笔字型输入法和98版王码五笔字型输入法。本书将以使用更广泛的86版王码五笔字型输入法为例进行讲解。

1. 86版王码五笔字型输入法

86版王码五笔字型输入法使用130个字根，可以处理国际GB 2312汉字集中的一、二级汉字共6763个。经过多年的推广使用，在与原来词语不重码的基础上新增词语8140条，但随着时间的推移，86版五笔字型输入法逐渐显现出以下几方面的缺点。

- 只能处理6763个国标简体汉字，不能处理繁体汉字。
- 对于部分规范字根不能做到整字取码，如夫、末等。
- 部分汉字的末笔画和书写顺序不一致，如“伐”字在86版的五笔字型输入法中，规定最后一笔画为“撇”而不是“点”。

- 编码时需要对汉字进行拆分，而某些汉字是不能进行随意拆分的，否则与“文字规范”相抵触。

2. 98版王码五笔字型输入法

98版五笔字型以86版为基础，引入了“码元”的概念，如图4-1所示，98版王码五笔字型输入法以245个码元创立了一个将相容性、规律性、协调性三者相统一的理论，使其编码码元和笔顺都更加符合语言规范。98版王码五笔字型输入法不但可以录入6763个国标简体字，而且还可以录入13 053个繁体字。除此之外，98版五笔字型输入法在86版的基础上，还增加了以下几个新特性。（拓展微课：光盘\微课视频\项目四\98版五笔字型的字根.swf）

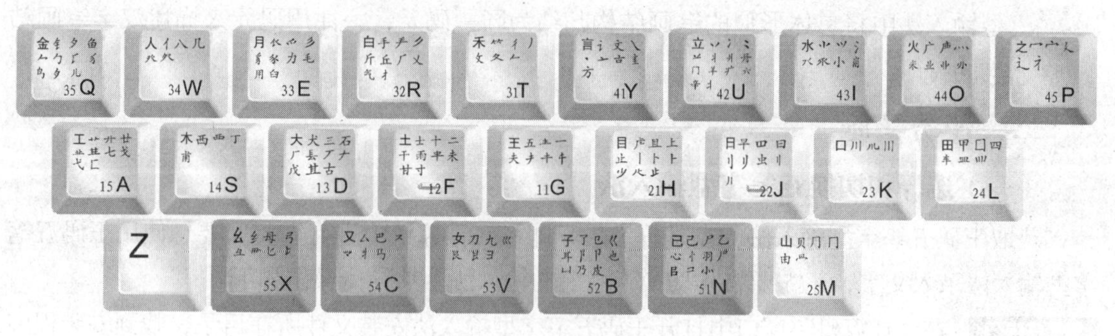

图4-1　98版王码五笔码元

- 在编辑文章的过程中，用户可以随时从屏幕上取字造词，并按编码规则自动合并到原词库中一起使用。
- 支持重码动态调整。
- 用户可根据需要对五笔字型编码进行编辑和修改，同时还能创建容错码。
- 提供了内码转换器，能在不同的中文操作平台之间进行内码转换。

知识补充

由于五笔字型输入法不是Windows 7操作系统自带的，所以在使用之前需要获取五笔字型输入法的安装程序，然后再将其安装到计算机中方可使用。通过网络下载五笔字型输入法的安装程序的方法如下。

①启动IE浏览器，在浏览器的地址栏中录入百度搜索引擎网址“http://www.baidu.com”，然后按【Enter】键。

②进入“百度”网站主页，利用拼音输入法在搜索栏中录入关键字“王码五笔输入法下载”，然后单击右侧的百度一下按钮。

③在打开的搜索结果页面中显示了所有符合条件的超链接，单击适合的下载链接，进入相应的下载页面。

④了解要下载软件的相关信息后，用鼠标右键单击下载地址，然后在弹出的快捷菜单中选择“目标另存为”命令，打开“另存为”对话框，在其中设置安装程序的保存位置和名称后，单击保存(S)按钮开始下载。

3. 86版与98版王码五笔字型输入法的区别

98版五笔字型是在86版五笔字型的基础上发展而来的，二者在拆分和编码规则上有相似之处，但也有一定的区别，主要表现在以下几方面。

- **构成汉字基本单元的称谓**：在86版王码五笔字型输入法中，把构成汉字的基本单元称为“字根”；在98版王码五笔字型输入法中则称为“码元”。
- **处理汉字数量**：98版王码五笔字型输入法使用245个码元，除了可以处理国标简体中的6763个标准汉字外，还可以处理BIG 5码中的13 053个繁体字及大字符集中的21 003个字符，由【Caps Lock】键控制，录入状态呈小写时录入简体，大写时录入繁体。
- **编码规则**：86版王码五笔字型输入法编码时需要对整字进行拆分；98版王码五笔字型输入法中将总体形似的笔画结构归结为同一码元，一律用码元来描述汉字笔画结构的特征。

三、任务实施

（一）选择和切换五笔字型输入法

获取王码五笔字型输入法的安装程序后，即可在计算机中进行安装，要想使用王码五笔字型输入法录入文字，还需要将其切换为当前的输入法。其具体操作如下。

STEP 1 在“计算机”窗口中打开王码五笔字型输入法安装文件所在目录，找到安装程序双击可执行文件，如图4-2所示。

STEP 2 系统进行自动解压操作后，打开“王码五笔字型输入法安装程序”对话框，单击选中“86版”复选框，然后单击确定(O)按钮，如图4-3所示。

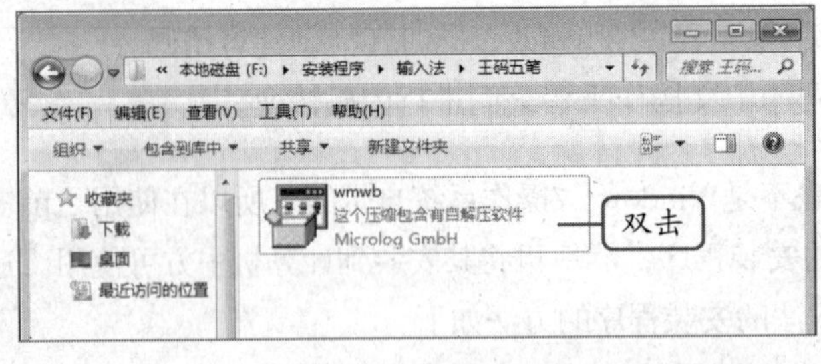

图4-2 双击可执行文件

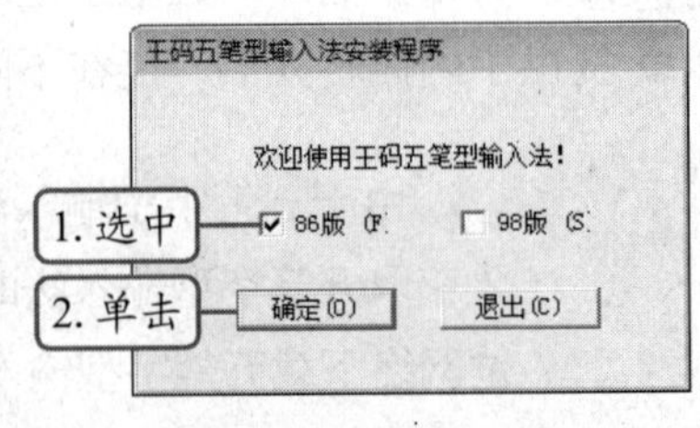

图4-3 选择要安装版本

STEP 3 系统开始安装86版王码五笔字型输入法，稍后即可完成安装。

STEP 4 单击任务栏右下角的输入法图标，在弹出的菜单中选择“王码五笔型输入法86版”命令，如图4-4所示。

如果要同时安装86版和98版王码五笔字型输入法，只需同时选中两种输入法复选框即可，在切换计算机中已添加的五笔输入法时，也可以直接按【Ctrl+Shift】组合键进行切换选择。

STEP 5 此时选择的输入法为86版王码五笔字型输入法，然后在任务栏的上方便可看到浮动的五笔字型输入法状态条，如图4-5所示。

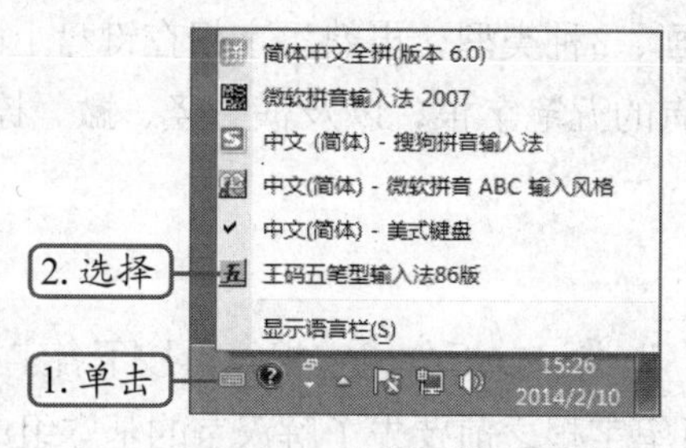

图4-4 选择五笔型输入法

图4-5 显示输入法状态条

（二）设置和删除五笔字型输入法

输入法菜单中所提供的输入法并不是一成不变的，可以根据用户的实际需要设置或删除输入法。下面将王码五笔字型输入法设置为默认输入法，并将输入法菜单中的标准五笔字型输入法删除，其具体操作如下。

STEP 1 用鼠标右键单击输入法图标，在弹出的快捷菜单中选择“设置”命令，打开“文字服务和输入语言”对话框。

STEP 2 在“默认输入语言”栏的下拉列表框中选择“王码五笔字型输入法86版”选项，如图4-6所示。

STEP 3 在“已安装的服务”栏中选择“标准五笔”选项，然后单击 删除(R) 按钮，如图4-7所示。

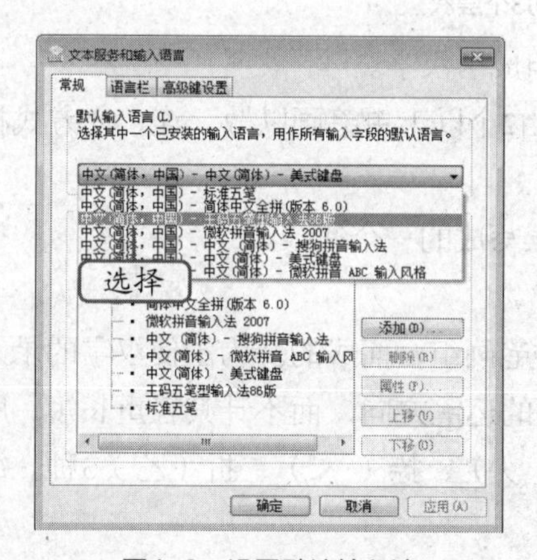

图4-6 设置默认输入法

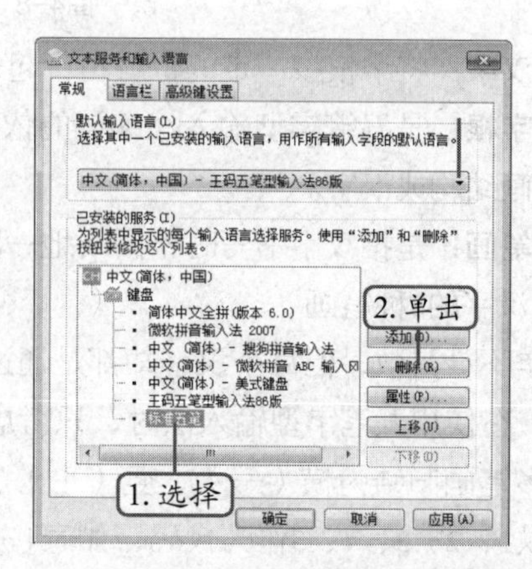

图4-7 删除标准五笔输入法

STEP 4 单击 确定 按钮完成任务。

任务二 练习五笔字根

字根是指由若干笔画交叉连接而形成的相对不变的结构，它是构成汉字的基本单位，也是学习五笔字型输入法的基础。在五笔字型输入法中，把组字能力很强，而且在日常生活中出现频率较高的字根，称为基本字根，如“丁、十、口、疒、日”等都是基本字根。五笔字型输入法中归纳了130多个基本字根，加上一些基本字根的变形字根，共有200个左右。

一、 任务目标

本任务将首先学习汉字的3个层次、5种笔画、3种类型，再熟悉字根在键盘上的区位分布和字根拆分的五大原则等知识。要求熟记所有的五笔字根，以及横、竖、撇、捺、折5个区中各键位上的五笔字根分布情况。

二、相关知识

五笔字型输入法的实质是根据汉字的组成，先将汉字拆分成字根，再按下各字根所属的编码，即可实现录入汉字的目的。所以在学习五笔字根之前要先了解汉字的基本组成。

（一）汉字的组成

汉字的基本组成包括3个层次、5种笔画、3种字型，而汉字的结构则根据汉字与字根间的位置关系来确定。

1. 汉字的3个层次

笔画是构成汉字的最小结构单位，五笔字型输入法就是将基本笔画编排并调整构成字根，然后再将笔画和字根组成汉字。所以从结构上看，可以分为汉字、字根、笔画3个层次，如图4-8所示，各层次的含义如下。

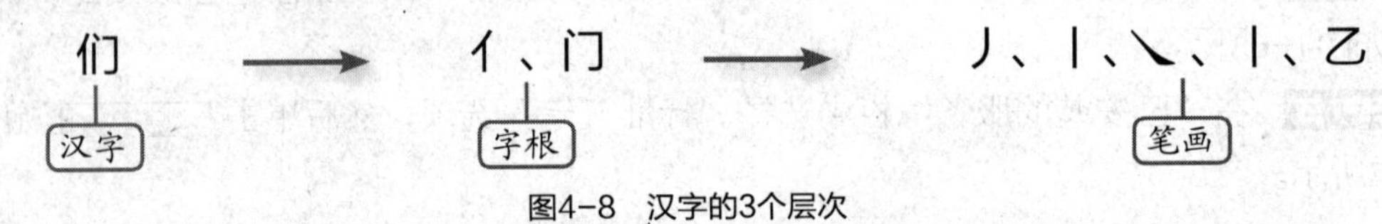

图4-8 汉字的3个层次

- **汉字**：将字根按一定的位置组合起来就组成了汉字。
- **字根**：是五笔字型输入法编码的依据，由2个以上单笔画以散、连、交方式构成的笔画结构或汉字。
- **笔画**：是指汉字书写时不间断地一次连续写成的一个线条。

2. 汉字的5种笔画

汉字不计其数，但每个汉字却都是通过几种笔画组合而成的。为了使汉字的录入操作更加便捷，在使用五笔字型输入法时，只考虑笔画的运笔方向，而不计其轻重长短，所以将汉字的诸多笔画归结为横（一）、竖（丨）、撇（丿）、捺（㇏）、折（乙）5种。每一种笔画分别以1、2、3、4、5作为代码，如表4-1所示。

表 4-1 汉字的 5 种笔画

笔画名称	代码	运笔方向	笔画及其变形
横	1	从左至右	一、㇀
竖	2	从上至下	丨、亅
撇	3	从右上至左下	丿
捺	4	从左上至右下	㇏、丶
折	5	带转折	乙、乛、乚、𠃌、㇇、𠃋

● 横（一）：在五笔字型输入法中是指运笔方向从左至右且呈水平的笔画，如汉字“于”的第一笔和第二笔都录入“横”笔画。除此之外，还把“提”笔画（㇀）也归为“横”笔画内，如“拒”字偏旁部首“扌”的最后一笔就属于“横”笔画，如图4-9所示。

图4-9 横笔画

● 竖（丨）：在五笔字型输入法中是指运笔方向从上至下的笔画，如“木”字中的竖直线段即属于“竖”笔画。除此之外，还把“竖钩”笔画（亅）也归为“竖”笔画内，如“划”字中的最后一笔就属于“竖”笔画，如图4-10所示。

图4-10 竖笔画

● 撇（丿）：在五笔字型输入法中是指运笔方向从右上至左下的笔画。发明人将不同角度和长度的这种笔画都归为“撇”笔画内，如汉字“杉”和“天”中的“丿”笔画都属于“撇”笔画，如图4-11所示。

图4-11 撇笔画

● 捺（㇏）：在五笔字型输入法中是指从左上至右下的笔画，如汉字“入”的最后一笔就属于“捺”笔画。除此之外，还把“点”笔画（、）也归为“捺”笔画内，如汉字“太”中的点“、”笔画就属于“捺”笔画，如图4-12所示。

图4-12 捺笔画

● 折（乙）：在五笔字型输入法中，除“竖钩”笔画以外的所有带转折的笔画都属于“折”笔画，如汉字“丸”和“丑”中都带有“折”笔画，如图4-13所示。

图4-13 折笔画

在分析汉字笔画时，认识笔画的运笔方向非常重要。其中应特别注意“捺”笔画与“撇”笔画的区别，这两个笔画的运笔方向是恰好相反的，需灵活运用。

3. 汉字的3种字型

根据构成汉字各字根之间的位置，可将汉字分为左右型、上下型、杂合型3种，分别用代码1、2、3表示，如表4-2所示。其中，左右型和上下型汉字统称为合体字，而杂合型汉字

又称为独体字。（拓展微课：光盘\微课视频\项目四\上下型.swf、左右型.swf、杂合型.swf）

表 4-2　汉字的 3 种字型

字型	代码	图示	汉字举例
上下型	1		圭、等、茄、想
左右型	2		时、游、理、邵
杂合型	3		火、凶、边、式、非、电

- **上下型**：是指能够将汉字明显地分隔为上和下两部分或上、中、下3部分，并且之间有一定的距离，其中还包括上面部分或下面部分结构为左右两部分的汉字，如“冒”、“京”、“淼”、“瑟”等字。
- **左右型**：是指能够将汉字明显地分为左、右两部分或左、中、右3部分，并且之间有一定的距离，其中还包括左侧部分或右侧部分结构为上下两部分的汉字，如“他”、“缴”、“都”、“骑”等字。
- **杂合型**：主要包括全包围、半包围、独体字等汉字结构，这种字型的汉字各部分没有明显距离，无法从外观上将其明确地划分为上下两部分或左右两部分，如“困”、“建”、“丈”、“凸”、“甩”等字。

（二）五笔字根在键盘上的区位分布

在五笔字型输入法中，字根分布在除【Z】键外的25个英文字母键位中。为了更好地定位和区分各个键位的字根，引入了一个概念——区位，其分布是根据字根的首笔画代码所属的区域为依据，如图4-14所示为86版王码五笔字根的键盘分布图。下面介绍区位的作用。（拓展微课：光盘\微课视频\项目四\86版五笔字型的字根.swf）

图4-14　86版王码五笔字根的键盘分布图

- **5个区**：是指将键盘上除【Z】键外的25个字母键分为横、竖、撇、捺、折为首笔画的5个区域，并依次用代码1、2、3、4、5表示区号。例如，“宜”的首笔画是点“、”，就归为捺区，即第4区。
- **5个位**：“位”是5区中各键的代号，也是用代码1、2、3、4、5表示位号。例如，【G】键对应第一区的第一位，则其位号为1；【H】键对应第二区的第一位，则其位号为2，其余键的位号依此类推。

● **区位号**：是指将每个键的区号作为第一个数字，位号作为第二个数字，组合起来表示一个键位，即“区位号”。在键盘上，除【Z】键外的25个字母键都有唯一的编号，如【G】键的区位号是11，【T】键的区位号是31，其余键的区位号依此类推。

由字根键盘分布图可以看出，每个字母键位上都分布了多个字根，并且这些字根包括单个汉字、汉字的偏旁部首、变形笔画等不同类型，所以，在记忆五笔字根时千万不要死记硬背，要注意观察字根的外型和笔画，做到理解和观察相结合，然后再根据字根的分布规则进行灵活记忆。

（三）字根拆分原则

在五笔字型输入法中，所有汉字都可以看作是由基本字根组成的，在录入汉字之前需要将汉字拆分成一个个基本字根。在进行汉字拆分操作前，首先需要了解各字根之间的结构关系和字根拆分的5大原则。

1. 字根的组合关系

拆分汉字时把非基本字根一律拆分成彼此交叉相连的基本字根，这种交叉相连的字根关系可以分为单、连、散、交4种结构。（拓展微课：光盘\微课视频\项目四\字根间的关系.swf）

● **“单”字根结构**：有些汉字本身就是一个基本的五笔字根，无须或无法再对其进行拆分。例如，“士、手、西、方、木、四、目”等汉字都是“单”字根结构。

● **“连”字根结构**：是指由一个基本字根和单笔画相连而成的汉字。“连”字根结构包括如图4-15所示的两种情况。

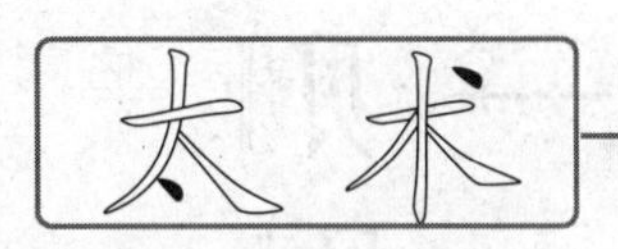

图4-15 “连”字根结构的两种情况

● **“散”字根结构**：由多个基本字根构成，并且各字根之间保持一定的距离。例如，常见的左右型和上下型汉字均属于“散”字根结构，如图4-16所示。

图4-16 “散”字根类型的汉字

● **“交”字根结构**：由几个基本字根交叉相叠而成，并且各字根之间没有明显的间隔距离。如图4-17所示，“末”由“一、木”交叉构成，“本、夫、里、中”等汉字都是“交”字根结构。另外，交叉结构的汉字也属于杂合型。

图4-17 “交”字根结构的汉字

2. 字根拆分的5大原则

字根拆分5大原则包括“书写顺序”原则、“取大优先”原则、“兼顾直观”原则、“能散不连”原则、“能连不交”原则。需要特别注意的是，键名汉字和字根汉字除外。

- **“书写顺序”原则**：指按书写汉字的顺序，将汉字拆分为键面上的基本字根。进行字根拆分操作时，首先要以“书写顺序”为拆字的主要原则，其次再遵循其他原则。书写顺序通常为：从左至右、从上至下、从外至内，拆分字根时也应按照该顺序来进行，如图4-18所示。需要注意的是，带“辶、廴”字根的汉字应先拆分其内部包含的字根。（**拓展微课**：光盘\微课视频\项目四\书写顺序1.swf、书写顺序2.swf、书写顺序3.swf）

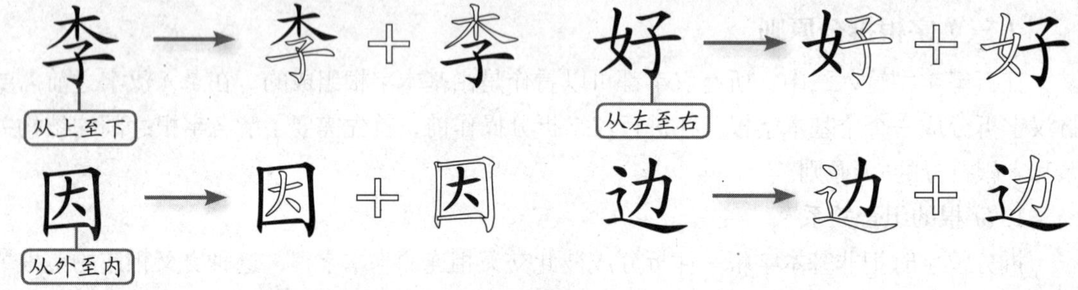

图4-18 按“书写顺序”原则拆分字根

- **“取大优先”原则**：指拆分字根时，拆分出来的字根笔画数量应尽量多，而拆分的字根则应尽量少，但必须保证拆分的字根是键面上有的基本字根，如图4-19所示，汉字“则”的第一个字根“冂”，可以与第二个字根“人”合并，形成一个更大的字根“贝”字根。（**拓展微课**：光盘\微课视频\项目四\取大优先.swf）

（正确的拆分）

（错误的拆分）

图4-19 按“取大优先”原则拆分字根

- **“能连不交”原则**：指拆分字根时，能拆分成“连”结构的汉字就不拆分成“交”结构的汉字，如图4-20所示，第一种拆分方法的字根关系为“连”，而第二种拆分方法的字根关系则为“交”，因此第一种拆分方法才是正确的。（**拓展微课**：光盘\微课视频\项目四\能连不交.swf）

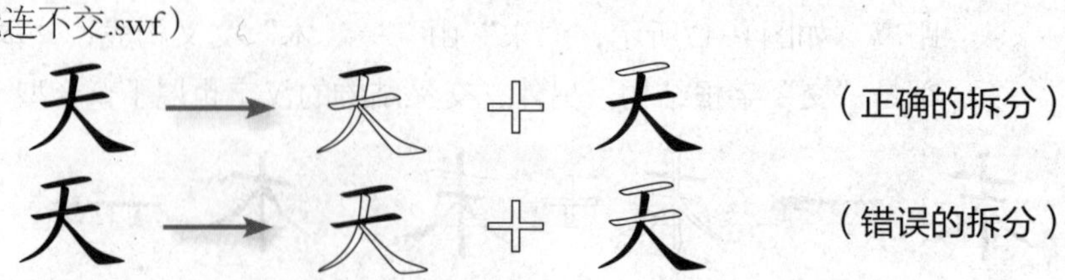

（正确的拆分）

（错误的拆分）

图4-20 按“能连不交”原则拆分字根

- **"能散不连"原则**：指拆分字根时，能拆分成"散"结构字根的汉字就不拆分成"连"结构字根的汉字，如图4-21所示。（拓展微课：光盘\微课视频\项目四\能散不连.swf）

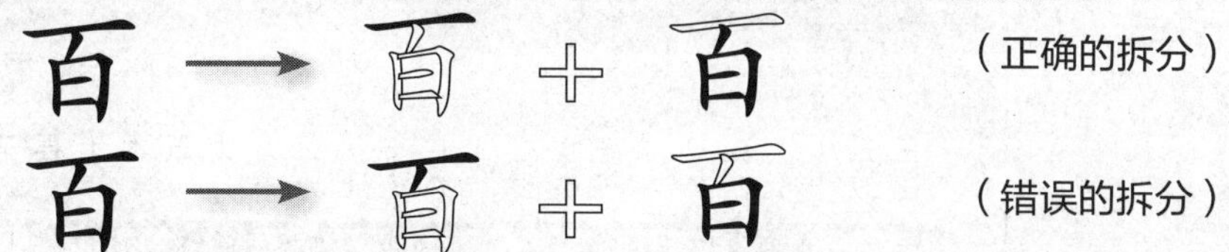

图4-21 按"能散不连"原则拆分字根

- **"兼顾直观"原则**：指拆分字根时，为了使拆分的字根更直观，就要暂时弃用"书写顺序"和"取大优先"原则，将汉字拆分成更容易辨认的字根。如图4-22所示，按"书写顺序"原则"国"字应拆分为字根"冂、王、丶、一"，但这样不能使字根"囗"直观易辨，所以将其拆分为"囗、王、丶"，这便是"兼顾直观"原则。（拓展微课：光盘\微课视频\项目四\兼顾直观.swf）

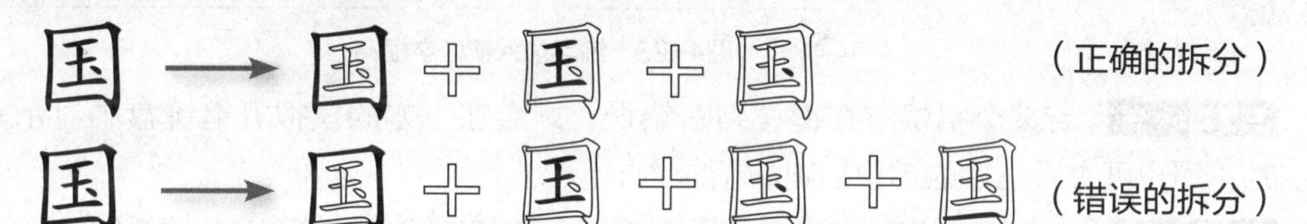

图4-22 按"兼顾直观"原则拆分字根

拆分字根时应遵循一个总体原则：书写顺序优先考虑，无论如何也不能连的字就以"取大优先"为准则，只要是能连的字就以"兼顾直观"为准则。需要注意的是，上述几项原则相辅相成，并非相互独立。

三、任务实施

（一）分区进行字根练习

在金山打字通2013中，按横、竖、撇、捺、折5个分区来进行字根录入练习，对于输错的字根应重点复习加强记忆。通过练习便可掌握大多数字根的键位分布，同时为学习五笔字型输入法打好基础。其具体操作如下。

STEP 1 启动金山打字通2013，在首页界面中单击"五笔打字"按钮。

STEP 2 进入"五笔打字"板块，单击"五笔输入法"按钮，了解有关五笔字型输入法的基础知识，通过简单测试后进入下一关"字根分区及讲解"板块，这里单击跳过讲解按钮，直接进行练习。

STEP 3 直接打开"字根分区及讲解练习"界面，课程初始默认为"横区字根"选项。

STEP 4 此时，练习窗口上方显示了一行横区字根，根据前面介绍的字根区位号和字根在键盘上的分布规律等相关知识，判断出录入文本框中的字根所在键位，然后依次敲击当前字根所对应的键位，如图4-23所示。

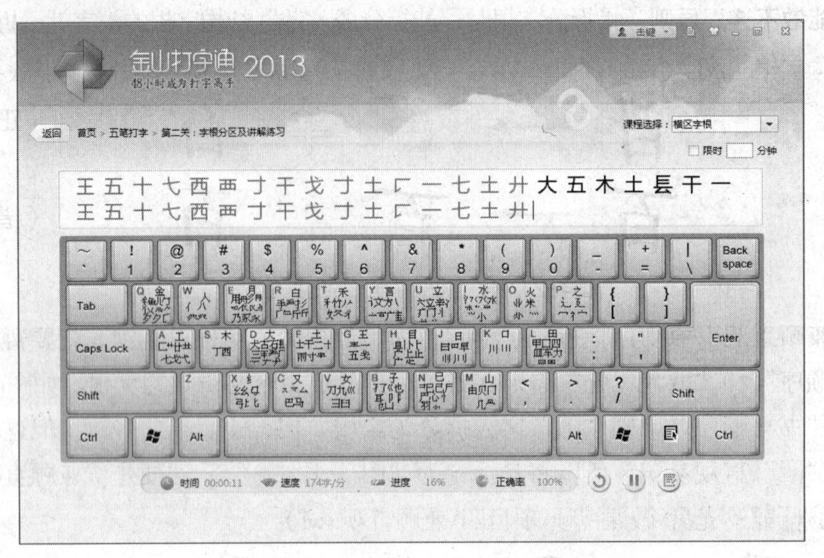

图4-23 练习录入横区字根

STEP 5 若某个字根所在键位判断错误，则会在下方的模拟五笔键盘中显示键位，此时，用户可查看正确的键位后再重新录入。

STEP 6 录入完一行后，系统会自动翻页，练习录入下一页的内容。同时，在窗口下方将显示录入字根的时间、速度、正确率等信息。

STEP 7 完成横区字根的练习后，软件会自动弹出测试成绩。这里单击对话框右上角的按钮，如图4-24所示。

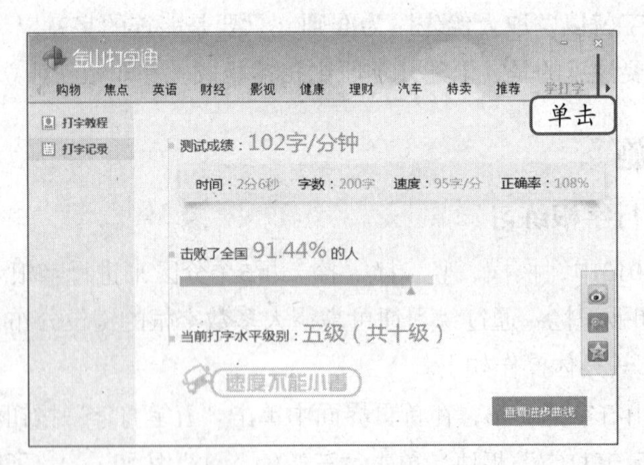

图4-24 关闭提示框

STEP 8 在"课程选择"下拉列表框中选择"竖区字根"选项，如图4-25所示，继续进行竖区字根的录入练习。

STEP 9 熟记横区和竖区字根后，用相同的方法在金山打字通2013中进行撇区、捺区、折区的字根录入练习。

STEP 10 为了进一步提升对字根的录入熟练度，可以单击选中"课程选择"下拉列表框下方的“限时”复选框，并在后面的文本框中录入限制时间，提升录入难度，如图4-26所示 。

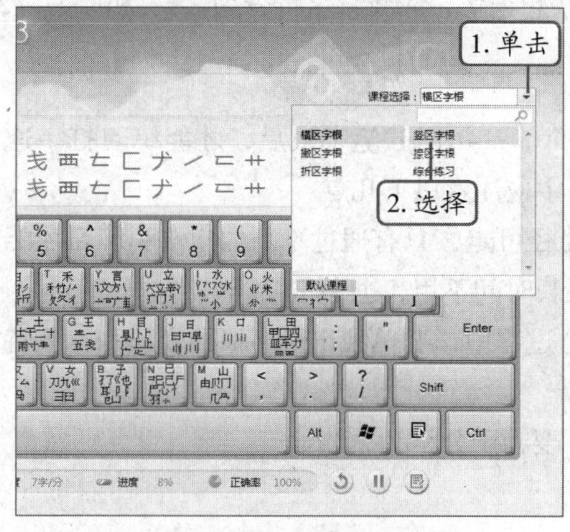

图4-25 选择要练习的课程

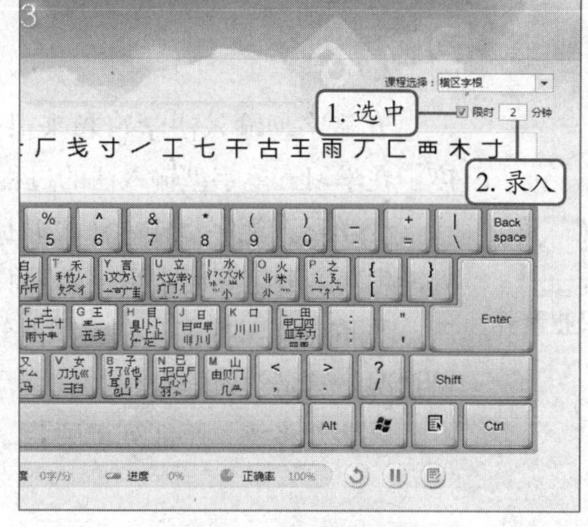

图4-26 设置时间限制

（二）拆分常用汉字

根据字根拆分原则，下面将对一些具有代表性的常用汉字，如“出”、“特”、“载”、“初”、“切”进行拆分练习，注意一些变形字根的处理方法。其具体操作如下。

STEP 1 拆分汉字“出”，若按照书写习惯，应将汉字“出”字拆分为“凵、丨、凵”这3个字根。但“出”字属于独体字，应遵行“取大优先”的原则，在进行拆分操作时，应坚持“取大优先”原则而放弃“书写顺序”原则，即正确拆分为“凵、山”。

STEP 2 拆分汉字“特”，根据“书写顺序”和“能连不交”原则，应将其拆分为字根“丿、扌、土、寸”，而不是“⺧、丨、土、寸”，与“特”字拆分类似的汉字还有“百”、“牧”等。

STEP 3 拆分汉字“载”，“载”字属于独体字，根据“取大优先”原则，应先将其拆分为字根“十”和“戈”，再拆分被包围的部分，即“车”字根，如图4-27所示。但这有违“书写顺序”原则，对于此类特殊汉字应单独记忆。与“载”字拆分类似的汉字还有“裁”、“栽”、“截”等。

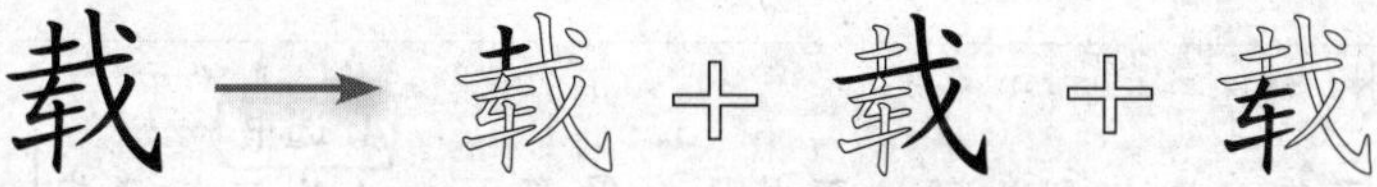

载 → 载 + 载 + 载

图4-27 拆分汉字“载”

STEP 4 拆分汉字“初”，根据“书写顺序”原则进行拆分即可。需要注意的是，偏旁“衤”不是一个字根。应将其拆分成字根“礻”和“冫”，该字的正确拆分结果如图4-28所示。带有“衤”偏旁部首的汉字拆分方法与之相同。

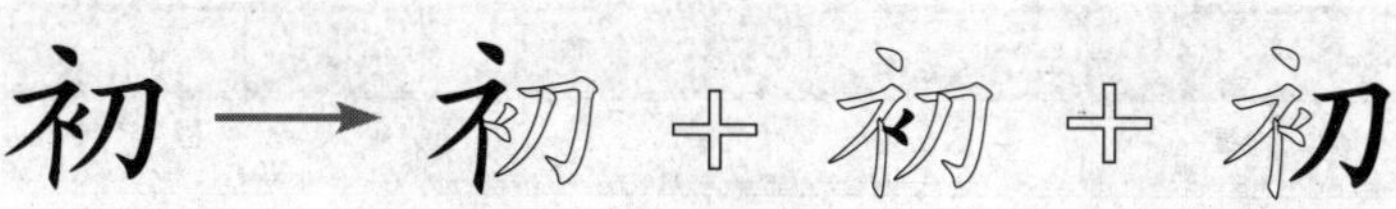

初 → 初 + 初 + 初

图 4-28 拆分汉字“初”

STEP 5 拆分汉字“切”，根据“书写顺序”原则进行拆分即可。需要注意的是，“扌”字根是【A】键上“七”字根的变形字根，要联想记忆，应将该字拆分为“扌”和“刀”2个字根。

五笔字型输入法学习起来很简单，熟记五笔字根后，才能练习打字速度。在学习五笔字型输入法的过程中应注意以下几点。

①学习五笔字型输入法没有捷径可走，只有通过不断的记忆和练习才能熟能生巧。五笔要经常用，如果很长时间不用，也会忘记。

②重点练习拆字，在汉字拆分过程中，要单独记忆字根的变形和一些特例情况，这是学习的难点。

③多想多练，不能死记硬背，要善于分析和总结。

实训一 在金山打字通中进行字根练习

【实训要求】

通过分区练习，熟记各字根的键位分布后，为了进一步加深对五笔字根的记忆，下面继续在金山打字通中对所有五笔字根进行综合练习，要求限时3分钟，正确率达到100%。

【实训思路】

在金山打字通2013的“五笔打字”板块的第二关进行综合练习。先选择要练习的课程，然后对练习时间进行限制，最后在规定的时间内完成练习。在练习过程中，依然要坚持做到按标准的键位指法击键。

【步骤提示】

STEP 1 在“字根分区及讲解练习”界面的“课程选择”下拉列表框中选择“综合练习”选项。

STEP 2 在“课程选择”下拉列表框下方单击选中“限时”复选框，并在后面的文本框中录入限制时间“3”分钟，如图4-29所示。

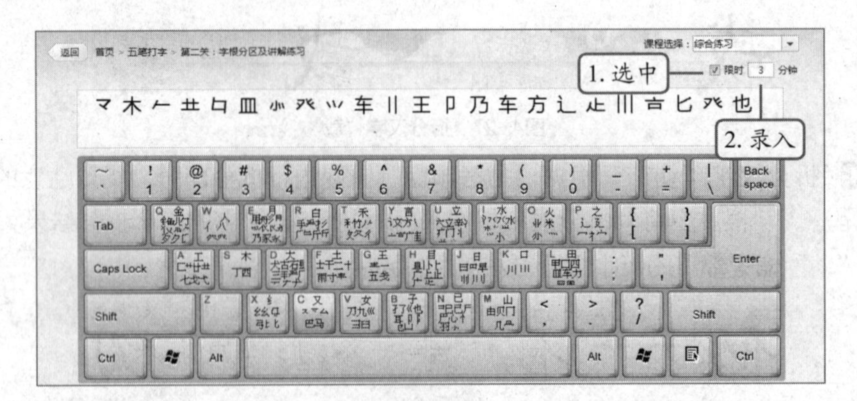

图4-29 字根综合练习

STEP 3 反复练习所有字根，直至能够准确记忆全部字根以及字根所在的区位。

实训二 练习拆分单个汉字

【实训要求】

快速对如图4-30所示的汉字进行拆分练习，将拆分结果填写在对应括号中。

她（ ）	知（ ）	爱（ ）	唱（ ）	案（ ）	暗（ ）
岩（ ）	岸（ ）	爸（ ）	摆（ ）	碍（ ）	啊（ ）
百（ ）	非（ ）	辈（ ）	纺（ ）	理（ ）	优（ ）
存（ ）	错（ ）	答（ ）	逮（ ）	耽（ ）	呆（ ）
股（ ）	顾（ ）	怪（ ）	官（ ）	贯（ ）	规（ ）
近（ ）	禁（ ）	精（ ）	况（ ）	敬（ ）	救（ ）
蛮（ ）	温（ ）	煤（ ）	每（ ）	美（ ）	闷（ ）
劝（ ）	券（ ）	君（ ）	线（ ）	容（ ）	海（ ）
添（ ）	填（ ）	跳（ ）	厅（ ）	停（ ）	偷（ ）
焰（ ）	殃（ ）	痒（ ）	腰（ ）	验（ ）	眼（ ）

图4-30 要拆分的汉字

【实训思路】

本实训根据字根间的结构关系和字根拆分原则等相关知识，对列举的汉字进行字根拆分练习。遇到难拆分的汉字时，要多分析该汉字结构并联想与之相关的变形字根。

【步骤提示】

STEP 1 熟记五笔字根并掌握字根拆分原则后，可以实行汉字拆分。例如，“她”字属于左右型，根据“书写顺序”原则，应该将其拆分为“女、也”两个字根。

STEP 2 按照相同的操作思路，拆分剩余汉字。

常见疑难解析

问：如何拆分“剩”字？

答：从字形上看，“剩”字为左右结构，其中较难拆分的部分是左侧的“乘”。根据“取大优先”原则，应将“乘”字拆分为“禾、ㅕ、匕”3个字根，“剩”字的最后拆分结果为“禾、ㅕ、匕、刂”。

问：为何五笔字型只取“横”、“竖”、“撇”、“捺”、“折”5种汉字笔画？

答：因为按汉字笔画的运笔方向可将所有笔画归纳为“横”、“竖”、“撇”、“捺”、“折”5种。这5种笔画也是汉字中最具有代表性的。因此，为了便于用户学习和掌握，就将这5种笔画作为五笔字型中汉字的基本笔画。

问：记忆五笔字根有捷径吗？

答：字根的记忆没有捷径，想学好五笔字型输入法，建议先暂时摒弃拼音输入法和其他种类的输入法，因为记忆输入法编码的最佳方法就是在实践中反复练习。用户可选择一些专业的打字软件进行五笔打字练习，通过一段时间科学、系统地练习，对五笔字根的记忆就会十分深刻了。

拓展知识

（一）五笔字根口诀

在记忆五笔字根时，除了要掌握五笔字根的键盘分布图外，还可以借助如表4-3所示的五笔字根口诀表进行辅助记忆。

表4-3 五笔字根口诀表

键位	五笔字根口诀	口诀解析
横区		
11G	王旁青头戋（兼）五一	“王旁”指偏旁部首“王”（王字旁）；“青头”指“青”字的上半部分“龶”；“兼”为“戋”（同音）；“五一”是指字根“五”和“一”
12F	土士二干十寸雨	分别指字根“土、士、二、干、十、寸、雨”，另外需特别记忆“革”字的下半部分“丰”字根
13D	大犬三羊古石厂	“大、犬、三、古、石、厂”为6个成字字根，记住“大”，就可联想记忆“𠂇、ナ、丆”；“羊”为“⺶”（羊字底）
14S	木丁西	该键位直接记忆“木、丁、西”3个字根即可
15A	工戈草头右框七	“工戈”是指“工、戈”两个字根；“草”指“艹”字根；“右框”为开口向右的方框“匚”。记忆时应注意与“艹”相似的字根“廾、廿、廾”
竖区		
21H	目具上止卜虎皮	“目”指“目”字根；“具上”指“具”字上半部分“且”；“止卜”是指“止、卜”两个字根；“虎皮”可理解为字根变形字根“虍”和“广”
22J	日早两竖与虫依	“日早”指“日、早”两个字根；“两竖”指字根“刂”，同时要记住变形字根“丿”和“刂”；“与虫依”指“虫”字根；记忆“日”字根时，联想记忆变形字根“曰、罒”
23K	口与川，字根稀	只需记住“口”和“川”字根，以及“川”的变形字根“巛”

续表

键位	五笔字根口诀	口诀解析
24L	田甲方框四车力	“田甲”指“田、甲”两个字根；“方框”是指“囗”字根，应注意它与【K】键上“口”字根的区别；“四车力”均为单个字根，要注意记忆变形字根“皿、罒、四”
25M	山由贝，下框骨头几	“山由贝”指“山、由、贝”3个字根；“下框”指开口向下的“冂”字根，同时联想记忆“几”和“贝”；“骨头”指“骨”字的上半部分“⺆”字根
撇区		
31T	禾竹一撇双人立，反文条头共三一	“禾竹”指“禾、竹”两个字根；“一撇”指字根“丿”；“双人立”指偏旁部首“彳”；“反文”指偏旁“攵”；“条头”指“条”字上部分“夂”，“共三一”指这些字根都位于区位号为31的【T】键上
32R	白手看头三二斤	“白手”指“白、手”两个字根；“看头”指“看”字的上部分“龵”；“三二”指字根位于区位号为32的【R】键上，记忆字根“斤”时要联想记住变形字根“⺁”和“厂”
33E	月彡（衫）乃用家衣底	“月”指“月”字根；“衫”指“彡”字根；“乃用”指“乃、用”两个字根；“家衣底”分别指“家”和“衣”字的下部分“豕”和“𧘇”。另外，还需联想记忆“豸、⺙、𧘇”3个字根
34W	人和八，三四里	“人和八”指“人、八”两个字根，“三四里”指这些字根都位于区位号为34的【W】键上。另外，还需单独记忆“亻、癶、祭”3个字根
35Q	金勺缺点无尾鱼，犬旁留乂儿一点夕，氏无七（妻）	“金”指字根“金”；“勺缺点”指“勺”字去掉中间一点后的字根“勹”；“无尾鱼”指字根“⺈”；“犬旁留乂”指字根“犭、乂”；“一点夕”指字根“夕”和变形字根“⺈”；“氏无七”指“氏”字去掉中间的“七”后剩下的字根“[illegible]”
捺区		
41Y	言文方广在四一，高头一捺谁人去	“言文方广”分别指“言、文、方、广”4个字根；“高头”指“高”字上半部分“亠”和“[illegible]”；“一捺”指笔画“㇏”，也包括“丶”字根；“谁人去”指去掉“谁”字左侧的偏旁部首“讠”和“亻”后的“主”字根
42U	立辛两点六门疒	“立辛”指“立、辛”两个字根；“两点”指“冫”和“丷”字根，注意记忆变形字根“丬”和“[illegible]”；另外，“立”和“[illegible]”字根可看作“六”字根的变形字根；“疒”指“病”字的偏旁部首

续表

键位	五笔字根口诀	口诀解析
43I	水旁兴头小倒立	“水旁”指“氵”字根和“氺”变形字根；“兴头”指“兴”字的上半部分“⺍”和“⺌”，以及变形字根“⺍”；“小倒立”指“⺌”字根
44O	火业头，四点米	“火”指“火”字根；“业头”指“业”字的上半部分“业”字根及其变形字根“⺍”；“四点”指“灬”字根；“米”指“米”字根
45P	之字宝盖建道底，摘礻（示）衤（衣）	“之”指“之”字根及其变形字根“廴”和“辶”；“宝盖”指偏旁“冖”和“宀”；“摘礻（示）衤（衣）”指将“礻”和“衤”的末笔画去掉后的字根“礻”

折区

键位	五笔字根口诀	口诀解析
51N	已半巳满不出己，左框折尸心和羽	“已半巳满不出己”指字根“已、巳、己”；“左框”指开口向左的方框“コ”；“折”指字根“乙”；“尸”指字根“尸”；“心和羽”指“心、羽”两个字根。另外，单独记忆变形字根“忄”、“⺗”
52B	子耳了也框向上	“子耳了也”分别指“子、耳、了、也”4个字根；“框向上”指开口向上的框“凵”。另外，单独记忆变形字根“阝、巳、孑、卩”
53V	女刀九臼山朝西	“女刀九臼”分别指“女、刀、九、臼”4个字根；“山朝西”指“山”字开口向西，即“ヨ”字根，特殊记忆“ヨ”字根的变形字根“⺕”
54C	又巴马，丢矢矣	“又巴马”分别指“又、巴、马”3个字根；“丢矢矣”指“矣”字去掉下半部分后剩下的字根“厶”。另外，单独记忆变形字根“マ”和“ス”
55X	慈母无心弓和匕，幼无力	“慈母无心”指去掉“母”字中间部分后剩下的字根“口”；“弓和匕”指字根“弓、匕”，记忆时应注意“匕”的变形字根“⺊”；“幼无力”指去掉“幼”字右侧偏旁部首后的字根“幺”

（二）如何选择输入法

用户在选择输入法时，一般关注的是易学性、易记性、录入速度3个特性。要了解输入法是否具有以上特性，参考指标主要有以下几点。

- **重码数**：如果同一编码，对应不止一个汉字，则认为是重码。例如，拼音“zhong”，对应的汉字有“中”“重”“钟”等。
- **重码率**：对所有汉字进行编码的结果中，（重码数目/汉字数目）×100%，即为重码率。如果收录6000个汉字中有600个汉字重码，则重码率为10%。重码率越高，编码质量越差，录入时需看屏幕选择汉字，速度变慢，如拼音输入法。重码率低时，可有助于实现盲打。

- **盲打**：有些定义认为，盲打是录入时不需要看键盘。但实际上，真正意义上的盲打，应该是录入时，既不看屏幕，也不看键盘，眼睛只看文稿。
- **码长**：汉字编码所需的击键数称为码长。码长越短，击键数越少，速度越快，但是，理论上会使重码率增高。
- **记忆量**：输入法的规律性强，记忆量就少，则容易记忆，甚至不用记忆。
- **易学性**：编码规则越多，越不易学习。

要注意的是，这些指标通常是互相矛盾的，并不能兼而有之，必须取得某种平衡，用户需要综合考虑。重码率最低，码长最短，记忆量最少，规则最少，这种输入法是不存在的，任何输入法都一定会有优点和缺点。

课后练习

（1）在金山打字通2013的“五笔打字”板块的第二关进行过关测试。

【步骤提示】

STEP 1 启动金山打字通2013，在首页界面中单击“五笔打字”按钮 。

STEP 2 进入“五笔打字”界面，单击“字根分区及讲解”按钮 ，这里单击 按钮，直接打开“字根分区及讲解练习”界面。

STEP 3 单击当前窗口右下角的“测试模式”按钮 ，打开“字根分区及讲解过关测试”窗口进行测试。要求录入速度必须达到70字/分钟，正确率达到100%，如图4-31所示。

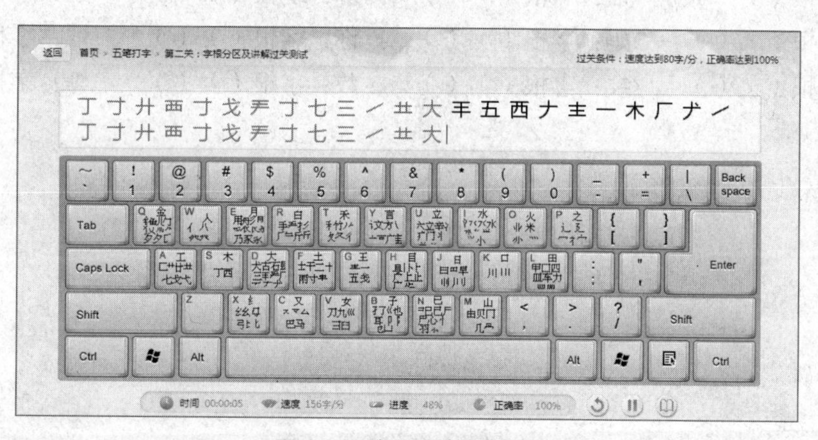

图4-31 字根过关测试练习

STEP 4 测试完成并达到规定条件后，将打开通关提示对话框。若对自己的测试成绩不满意，可以单击对话框中的 按钮进行重新测试。

（2）根据五笔字根分布图和字根口诀，判断出下列字根所属键位。

例如：火 键位（O）

口：键位（ ）　　氵：键位（ ）　山：键位（ ）　丨：键位（ ）　立：键位（ ）

十：键位（ ） 月：键位（ ） 禾：键位（ ） 目：键位（ ） 早：键位（ ）

大：键位（ ） 扌：键位（ ） 言：键位（ ） 刂：键位（ ） 灬：键位（ ）

了：键位（ ） 乃：键位（ ） 八：键位（ ） 儿：键位（ ） 用：键位（ ）

廿：键位（ ） 斤：键位（ ） 王：键位（ ） 竹：键位（ ） 雨：键位（ ）

亻：键位（ ） 手：键位（ ） 五：键位（ ） 攵：键位（ ） ヨ：键位（ ）

夕：键位（ ） 犬：键位（ ） 一：键位（ ） 火：键位（ ） 匕：键位（ ）

（3）指出下列字汉字中各字根之间的关系。

例如：枯（“散”字根结构汉字）

务（ ） 尖（ ） 颂（ ） 受（ ） 自（ ）

习（ ） 备（ ） 看（ ） 英（ ） 且（ ）

才（ ） 荡（ ） 凶（ ） 众（ ） 夫（ ）

老（ ） 量（ ） 尤（ ） 观（ ） 重（ ）

师（ ） 汉（ ） 年（ ） 体（ ） 咪（ ）

（4）根据字根拆分原则练习拆分下列汉字，并指出每字根在键盘上所属的键位。

例如：好 字根（女、子）（V、B）

打：字根（ ）（ ） 英：字根（ ）（ ） 匠：字根（ ）（ ） 评：字根（ ）（ ）

伸：字根（ ）（ ） 休：字根（ ）（ ） 雪：字根（ ）（ ） 生：字根（ ）（ ）

译：字根（ ）（ ） 芝：字根（ ）（ ） 明：字根（ ）（ ） 锌：字根（ ）（ ）

充：字根（ ）（ ） 习：字根（ ）（ ） 学：字根（ ）（ ） 复：字根（ ）（ ）

补：字根（ ）（ ） 栏：字根（ ）（ ） 无：字根（ ）（ ） 道：字根（ ）（ ）

单：字根（ ）（ ） 语：字根（ ）（ ） 练：字根（ ）（ ） 素：字根（ ）（ ）

框：字根（ ）（ ） 妈：字根（ ）（ ） 你：字根（ ）（ ） 效：字根（ ）（ ）

选：字根（ ）（ ） 纹：字根（ ）（ ） 数：字根（ ）（ ） 等：字根（ ）（ ）

PART 5

项目五 五笔汉字录入

情景导入

小白：阿秀，什么时候才能教我用五笔字型输入法录入汉字呢?

阿秀：小白，冰冻三尺非一日之寒，学习任何知识都应该有一个循序渐进的过程。

小白：明白了，我会把前面学习的知识再巩固加深一遍的。

阿秀：小白，前面的五笔字根记忆的情况如何?

小白：除了遇到某些特殊和变形字根还不能准确判断外，大部分的字根和对应键位都已经没有问题了。

阿秀：既然基础已经没有问题了，那我们就开始学习使用五笔字型输入法来录入汉字。

小白：我已经迫不及待想要尝试了。

学习目标

- 掌握末笔识别码的判断和添加方法
- 掌握键面汉字的录入规则
- 掌握键外汉字的录入规则
- 掌握简码汉字的录入规则
- 掌握词组的录入规则

技能目标

- 能够正确添加末笔识别码
- 快速录入一级和二级简码汉字
- 通过词组的形式提升汉字录入速度

任务一　录入键面汉字和键外汉字

掌握了五笔字型输入法的字根和汉字拆分原则后，便可以借助末笔识别码、键面汉字、键外汉字进行汉字录入了。

一、 任务目标

本任务将练习键面汉字和键外汉字。在练习录入操作前，首先要掌握末笔识别码的判别方法，然后运用键面汉字和键外汉字的录入规则录入汉字。通过本任务的学习，熟练掌握键面汉字和键外汉字的录入方法。

二、相关知识

在学习汉字的录入方法之前，首先要学习末笔识别码，因为对于拆分不足4个字根的汉字有时需要补敲其对应的识别码进行录入，若添加识别码后仍不足4码，则补敲一个空格。下面将详细介绍末笔识别码的判定方法。

（一）认识末笔识别码

为了尽可能地减少重码，五笔字形编码方案特别引入了末笔识别码。

1. 末笔识别码的概念

末笔识别码是指将书写汉字时最后一笔笔画的代码作为末笔识别码的区号，同时将汉字的字型结构作为末笔识别码的位号组成一个末笔识别码，如表5-1所示。

表 5-1　末笔识别码表

汉字末笔画	左右型－代码“1”	上下型－代码“2”	杂合型－代码“3”
横 1	G（11）	F（12）	D（13）
竖 2	H（21）	J（22）	K（23）
撇 3	T（31）	R（32）	E（33）
捺 4	Y（41）	U（42）	I（43）
折 5	N（51）	B（52）	V（53）

2. 末笔识别码的判定

在判定汉字的末笔识别码时，书写顺序对于判别汉字的最后笔画十分重要。其次，对于全包围或半包围等特殊结构的汉字以及与书写顺序不一致的汉字，还有以下几种特殊规则。

（拓展微课：光盘\微课视频\项目五\末笔字型识别码.swf）

- **全包围或半包围结构汉字的末笔识别码**：对于“建、赶、凶、过”等汉字，其末笔画规定为被包围部分的最后一笔。以“句”字为例，“句”字是半包围结构，所以末笔笔画是被包围部分“口”的最后一笔，即“一”，对应区位为“1”。其字型属于是杂合型，对应位号为“3”，因此，末笔识别码即为13，对应键盘中的【D】键，如图5-1所示。

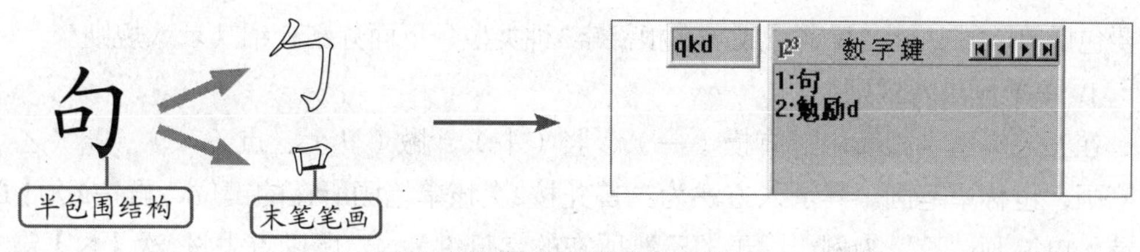

图5-1 半包围汉字的末笔识别码

- **与书写顺序不一致汉字的末笔识别码**：对于最后一个字根是由“九、刀、七、力、匕”等字根构成的汉字，一律以“折”笔画作为末笔笔画。以“仑”字为例，其末笔笔画为“乙”，字型属于上下型，因此得到的末笔识别码为52，对应键盘中的【B】键，如图5-2所示。

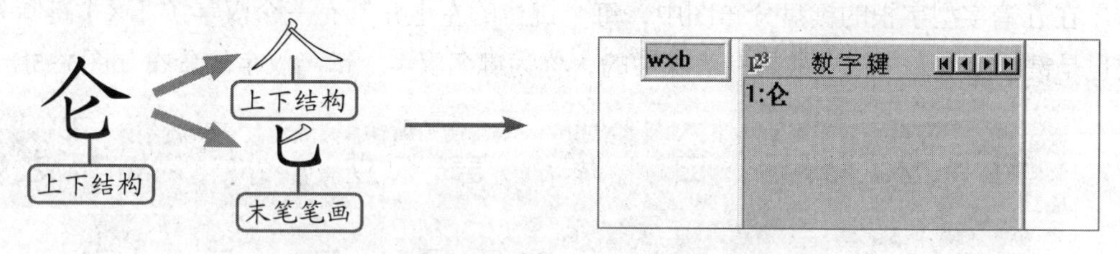

图5-2 书写顺序不一致汉字的末笔识别码

- **带单独点汉字的末笔识别码**：对于“义、太、勺”等汉字，均把“、”当作末笔笔画，即“捺”作为末笔。以“义”字为例，其末笔笔画为“、”，字型属于杂合型，因此得到末笔字型识别码43，对应键盘中的【I】键，如图5-3所示。

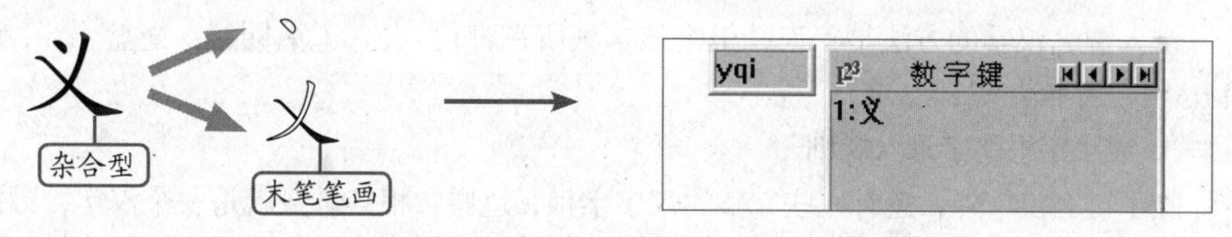

图5-3 带单独点汉字的末笔识别码

- **特殊汉字的末笔识别码**：对于“我、钱、成”等汉字，其判定应遵循“从上到下”原则，一律规定为撇“丿”。以“伐”字为例，其末笔笔画为“丿”，字型属于左右型，因此得到末笔字型识别码为31，对应键盘中的【T】键，如图5-4所示。

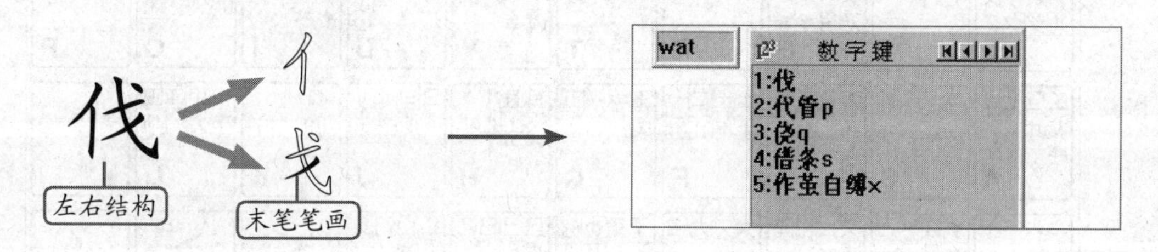

图5-4 特殊汉字的末笔识别码

（二）键面汉字录入规则

键面汉字是指在五笔字型字根表里存在的字根，其本身就是一个简单的汉字。键面汉字主要包括单笔画、键名汉字、成字字根汉字3种类型，下面分别介绍其录入规则。

1. 单笔画录入规则

在五笔字型字根表中，有横（一）、竖（丨）、撇（丿）、点（丶）、折（乙）5种基本笔画，也称单笔画。其录入方法为：首先按2次该单笔画所在的键位，再按2次【L】键。以录入单笔画“乙”为例，由于“乙”所在的字母键为N，所以首先按2次【N】键，再按2次【L】键。（**拓展微课**：光盘\微课视频\项目五\单笔画录入规则.swf）

其他4种单笔画的编码如下：

一（GGLL）　丨（HHLL）　丿（TTLL）　丶（YYLL）

2. 键名汉字录入规则

在五笔字型字根的键盘分布图中，每个键位的左上角都有一个汉字（【X】键除外），它也是键位上所有字根中最具有代表性的，称为键名汉字。键名汉字的分布如图5-5所示。

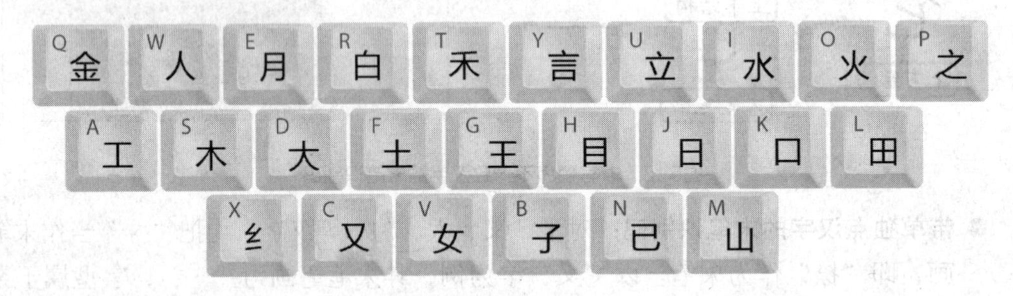

图5-5　键名汉字的分布

录入键名汉字的方法是：连续敲击该字根所在键位4次。（**拓展微课**：光盘\微课视频\项目目五\键名汉字录入规则.swf）

3. 成字字根汉字录入规则

除了键名汉字外，还有一些完整的汉字字根，这些字根其本身就是一个汉字，因此称为成字字根汉字。（**拓展微课**：光盘\微课视频\项目五\成字字根.swf）

- **成字字根汉字在键盘上的分布**：在五笔字型字根中，除【P】键外，其余24个字母键上均有成字字根汉字，最多的有6个。各键位分布的成字字根汉字如图5-6所示。

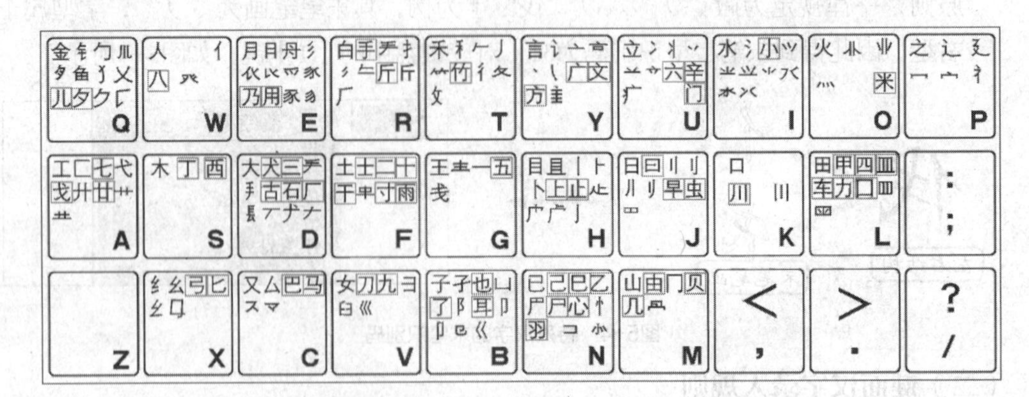

图5-6　成字字根汉字的分布

- **成字字根汉字的取码规则**：首先按一下成字字根所在的键，称为“报户口”，然后按它的书写顺序依次敲击它的第一笔、第二笔以及最后一笔所在键位，若不足4码补敲空格键。例如，录入成字字根“耳”字，其取码顺序如图5-7所示。

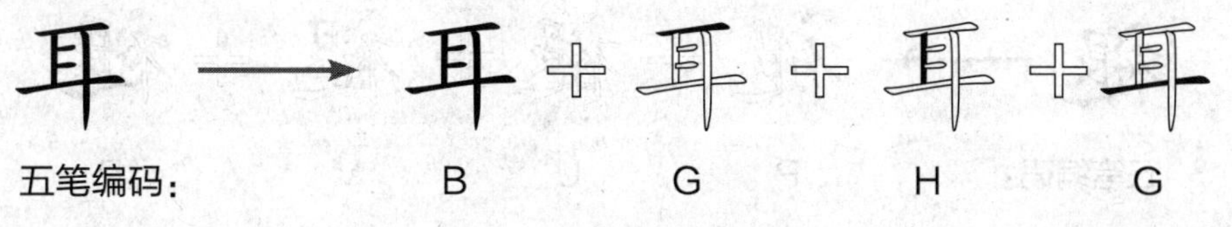

图5-7　录入成字字根汉字

（三）键外汉字录入规则

键外汉字是指没有包含在五笔字型字根表中，并且需要通过字根的组合才能录入的汉字。其录入规则为：根据字根拆分原则，将汉字拆分成基本字根后，依次录入对应的4个编码。其中前3码分别取汉字的前3个字根，第四码则取该汉字的最后一个字根。若拆分后不足4码，需要添加末笔识别码录入。

键外汉字可划分为不足4码的汉字、满足4码的汉字、超过4码的汉字3种情况，下面分别介绍其录入规则。

- **拆分不足4码的汉字**：汉字“汁、轩、台、乞、玫”都是少于4个字根的汉字，下面将以“油”字和“粉”字为例，对其进行拆分操作，如图5-8所示。

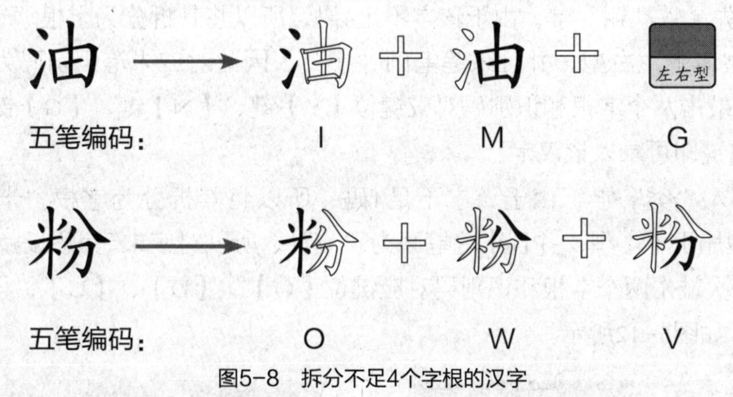

图5-8　拆分不足4个字根的汉字

- **拆分满足4码的汉字**：汉字“贸、冷、捞、羁、薪”都是4个字根的汉字，下面将以“离”字和“重”字为例，对其进行拆分操作，如图5-9所示。

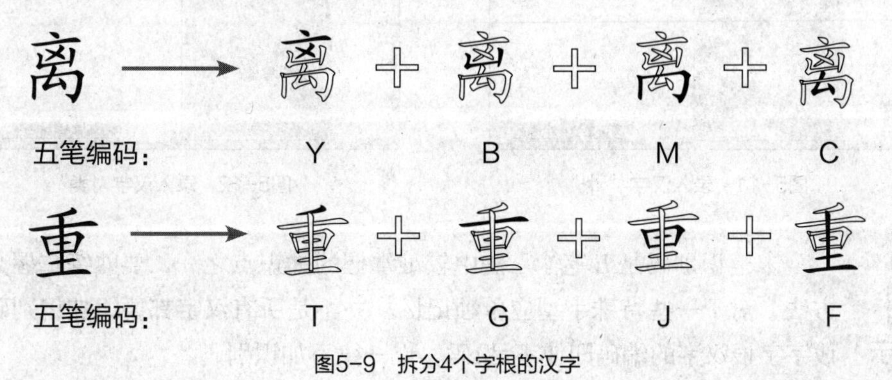

图5-9　拆分4个字根的汉字

● **拆分超过4码的汉字**：汉字“馨、瞿、疆、貌、舞”都是多于4个字根的汉字，下面将以“褪”字和“该”字为例，对其进行拆分操作，只取其前3个字根和最后一个字根，如图5-10所示。

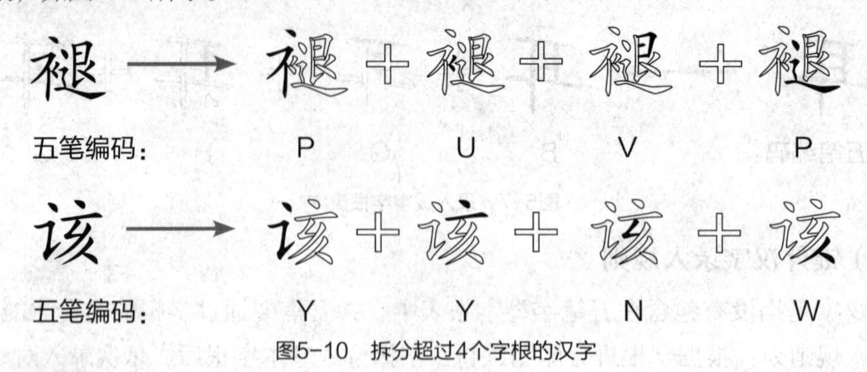

图5-10 拆分超过4个字根的汉字

三、任务实施

（一）录入带识别码的汉字

在记事本中练习录入带末笔识别码汉字“诩、类、去、邑、昔、固、逐、粉、曲、伦、肖”，在录入过程中要准确判断汉字的末笔画和字型结构。其具体操作如下。

STEP 1 启动记事本程序，按【Ctrl+Shift】组合键切换到“王码五笔型输入法86版”。

STEP 2 首先录入“诩”字，由于该字不足4码，所以将其拆分为字根“讠”和“羽”。“诩”字的字型属于左右型，并且末笔笔画“一”，因此对应末笔识别码为11，对应键位【G】键。依次敲击两个字根和识别码对应键位【Y】键、【N】键、【G】键，如图5-11所示，再补击空格键即可录入该汉字。

STEP 3 录入“类”字，由于该字不足4码，所以将其拆分为字根“米”和“大”，“类”字的字型属于上下型，并且末笔笔画为“、”，所以对应末笔识别码为42，对应键位为【U】键。依次敲击两个字根和识别码对应键位【O】、【D】、【U】，再补击空格键即可录入该汉字，如图5-12所示。

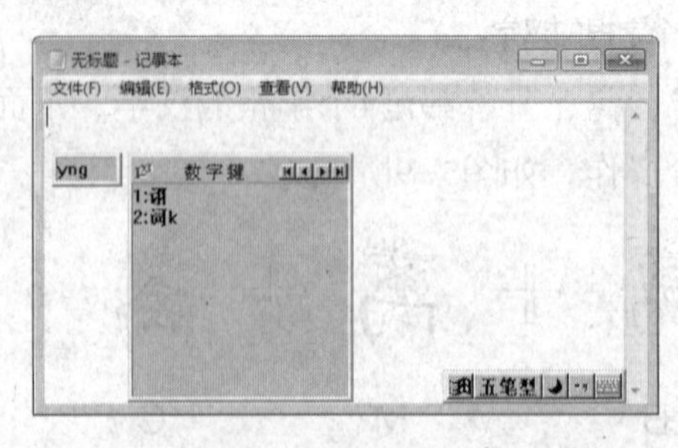

图5-11 录入汉字“诩”

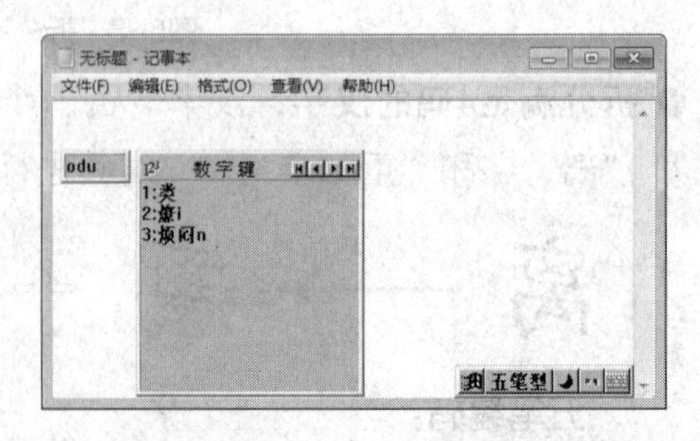

图5-12 录入汉字“类”

操作提示

末笔识别码是五笔输入法中较难掌握的知识点之一，要熟练掌握其判定方法，对于一些特殊字型应单独记忆。并不是所有汉字都要添加识别码，如成字字根汉字的编码即使不足4码，也一律不加识别码。

STEP 4 按照相同的操作方法，继续录入其他汉字。

（二）录入键名汉字和键面汉字

在记事本程序中，首先使用五笔字型输入法练习录入如图5-13所示第一行的键名汉字，然后录入成字字根汉字。成字字根常被用作某些汉字的偏旁部首，熟记这些字根可以快速进行字根的拆分操作，其具体操作如下。

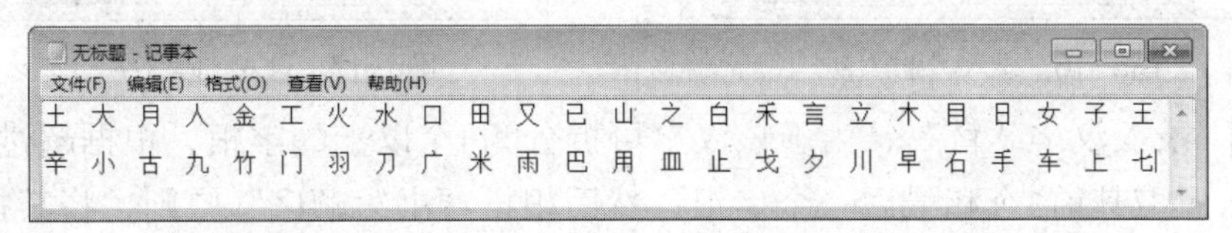

图5-13 键名汉字和键面汉字

STEP 1 启动记事本程序，按【Ctrl+Shift】组合键切换到“王码五笔型输入法86版”。

STEP 2 首先录入“土”字，由于该字位于一区的【F】键上，此时只需要连续敲击4次【F】键即可录入，如图5-14所示，按照相同操作方法，录入其他的键名汉字。

STEP 3 录入“辛”字，由于该字位于捺区的【U】键上，因此，首先报户口敲击【U】键，因为其首笔笔画为“捺”，所以敲击【Y】键；第二笔笔画为“横”，所以敲击【G】键；最后一笔笔画为“竖”，所以敲击【H】键即可录入，如图5-15所示。按照相同的操作方法，继续录入其他的成字字根汉字。

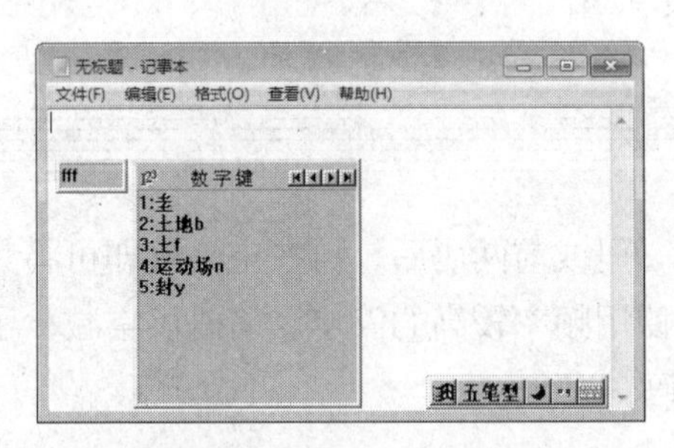

图5-14 录入“土”字

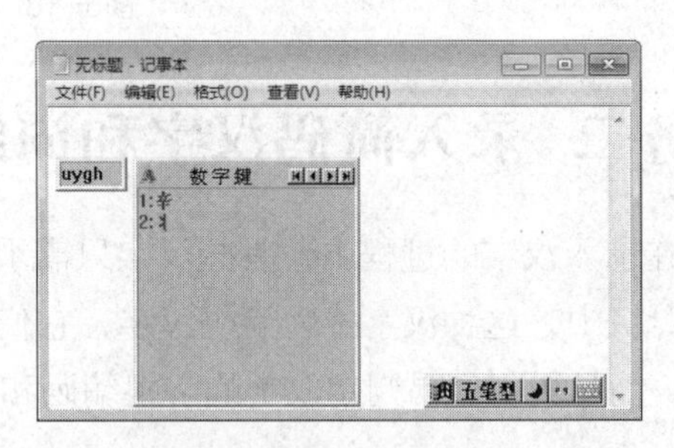

图5-15 录入“辛”字

（三）录入键外汉字

在记事本中练习录入键外汉字“砒、睦、替、廖、袜、辨、澳、果、需、计、东、友、所、误、娜、貌、警、型、灾、渠、世、鞋、多、思”，通过练习进一步巩固不同汉字的取码规则。其具体操作如下。

STEP 1 启动记事本程序，按【Ctrl+Shift】组合键切换到“王码五笔型输入法86版”。

STEP 2 首先录入“砒”字，根据字根拆分原则中的“书写顺序”原则，将汉字拆分为3个字根，先敲击第一个字根“石”所在键位【D】键，然后敲击第二个字根“匕”所在键位【X】键，再敲击第三个字根“匕”所在键位【X】键，如图5-16所示，最后补击空格键，即可录入该汉字。

STEP 3 录入“睦”字，根据“书写顺序”原则和满足4码汉字的录入规则，将汉字拆分为字根“目、土、八、土”，对应的五笔编码为“HFWF”，如图5-17所示。

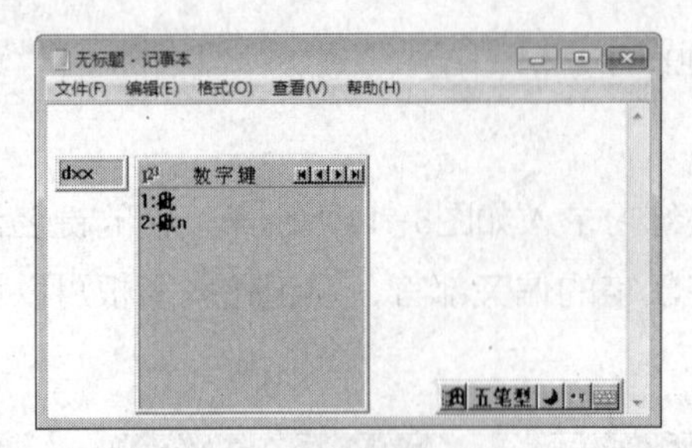

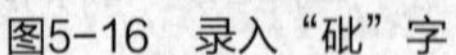
图5-16 录入“砒”字

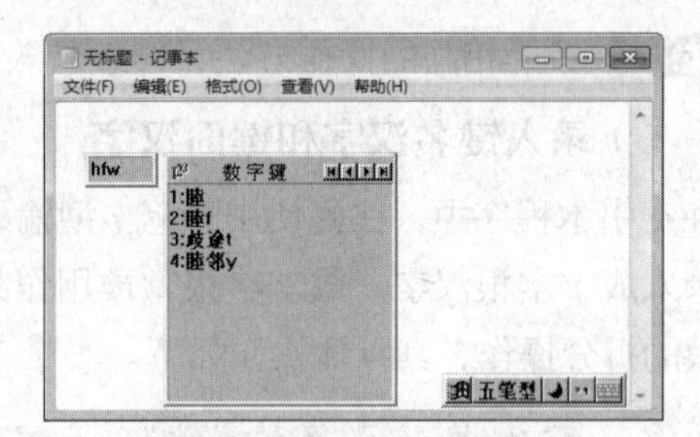

图5-17 录入“睦”字

STEP 4 录入汉字“替”，由于该汉字可拆分为4个以上的字根，根据超过4码汉字的录入规则，只取其前3个和最后一个字根，然后根据“书写顺序”原则，将其拆分为字根“二、人、二、日”，对应的五笔编码为“FWFJ”，如图5-18所示。

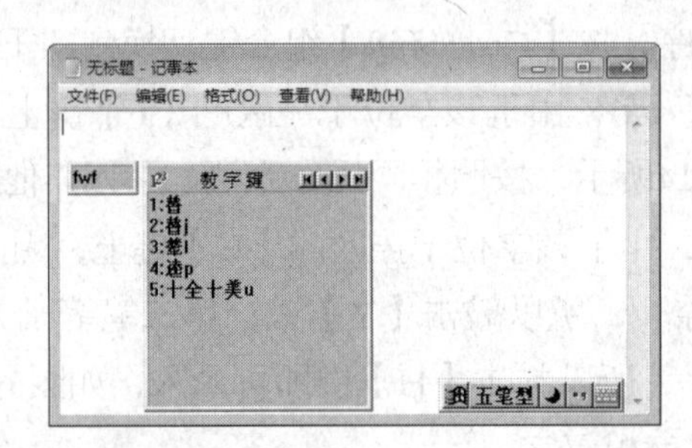

图5-18 录入汉字“替”

任务二 录入简码汉字和词组

在录入汉字的过程中，有些汉字只需录入第一码或前两码后，再按空格键即可将其录入到计算机中，这种汉字称为简码汉字，它们都是使用频率较高的汉字。简码汉字减少了击键次数，而且更加容易判定汉字的字根编码和识别码。

一、任务目标

首先学习简码汉字的录入规则，然后通过学习二字词组、三字词组、四字词组、多字词组的取码规则达到快速录入的目的。对于一级和二级简码要熟练记忆。

二、相关知识

在五笔字型输入法中简码汉字可分为一级简码、二级简码两大类，不同类型的词组，其录入规则也不相同。下面将分别进行介绍。

（一）一级简码录入规则

在五笔字型字根的25个键位上（【Z】键除外），每个键位均对应一个使用频率较高的汉字，称为“一级简码”，如图5-19所示。录入一级简码的规则是：按一下简码所在键位，再按空格键即可。例如，录入“我”字，只需按【Q】键，然后再补敲空格键即可。（拓展微课：光盘\微课视频\项目五\一级简码.swf）

图5-19 一级简码分布图

为了便于记忆，可按区位将一级简码编成口诀：“一地在要工，上是中国同，和的有人我，主产不为这，民了发以经”。依照口诀反复练习巩固便能牢记简码。

（二）二级简码的录入规则

二级简码是指只需录入前两位编码的汉字，这样就减少取其余编码或最后一个识别码的击键次数。二级简码的录入规则是：录入汉字前两个字根所在的编码，然后补敲空格键即可，如图5-20所示。（拓展微课：光盘\微课视频\项目五\二级简码.swf）

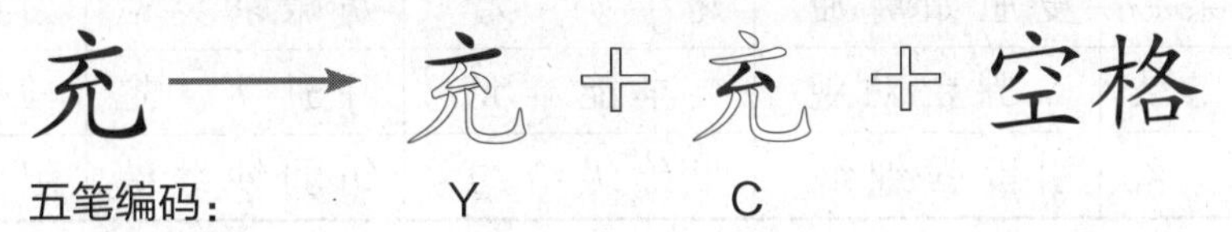

图5-20 录入二级简码汉字

二级简码共有625个，表5-2中列出了每个键位上对应的二级简码，其中若出现空缺则表示该键位上没有对应的二级简码。

表 5-2 二级简码表

	G F D S A 11 12 13 14 15	H J K L M 21 22 23 24 25	T R E W Q 31 32 33 34 35	Y U I O P 41 42 43 44 45	N B V C X 51 52 53 54 55
G11	五于天末开	下理事画现	玫珠表珍列	玉平不来	与屯妻到互
F12	二寺城霜载	直进吉协南	才垢圾夫无	坟增示赤过	志地雪支
D13	三夺大厅左	丰百右历面	帮原胡春克	太磁砂灰达	成顾肆友龙
S14	本村枯林械	相查可楞机	格析极检构	术样档杰棕	杨李要权楷
A15	七革基苛式	牙划或功贡	攻匠菜共区	芳燕东 芝	世节切芭药
H21	睛睦睚盯虎	止旧占卤贞	睡睥肯具餐	眩瞳步眯瞎	卢 眼皮此
J22	量时晨果虹	早昌蝇曙遇	昨蝗明蛤晚	景暗晁显晕	电最归紧昆
K23	呈叶顺呆呀	中虽吕另员	呼听吸只史	嘛啼吵噗喧	叫啊哪吧哟
L24	车轩因困轼	四辊加男轴	力斩胃办罗	罚较 鳞边	思团轨轻累
M25	同财央朵曲	由则 崭册	几贩骨内风	凡赠峭赕迪	岂邮 凤嶷
T31	生行知条长	处得各务向	笔物秀答称	入科秒秋管	秘季委么第
R32	后持拓打找	年提扣押抽	手折扔失换	扩拉朱搂近	所报扫反批

续表

	G F D S A 11 12 13 14 15	H J K L M 21 22 23 24 25	T R E W Q 31 32 33 34 35	Y U I O P 41 42 43 44 45	N B V C X 51 52 53 54 55
E33	且肝须采肛	胩胆肿肋肌	用遥朋脸胸	及胶膛臃爱	甩服妥肥脂
W34	全会估休代	个介保佃仙	作伯仍人您	信们偿伙	亿他分公化
Q35	钱针然钉氏	外旬名甸负	儿铁角欠多	久匀乐炙锭	包凶争色
Y41	主计庆订度	让刘训为高	放诉衣认义	方说就变这	记离良充率
U42	闰半关亲并	站间部曾商	产瓣前闪交	六立冰普帝	决闻妆冯北
I43	汪法尖洒江	小浊澡渐没	少泊肖兴光	注洋水淡学	沁池当汉涨
O44	业灶类灯煤	粘烛炽烟灿	烽煌粗粉炮	米料炒炎迷	断籽娄烃糨
P45	定守害宁宽	寂审宫军宙	客宾家空宛	社实宵灾之	官字安 它
N51	怀导居 民	收馒避惭届	必怕 愉懈	心习悄屡忱	忆敢恨怪尼
B52	卫际承阿陈	耻阳职阵出	降孤阴队隐	防联孙联辽	也子限取陛
V53	姨寻姑杂毁	叟旭如舅妯	九 奶 婚	妨嫌录灵巡	刀好妇妈姆
C54	骊对参骠戏	骒台劝观	矣牟能难允	驻骈 驼	马邓艰双
X55	线结顷 红	引旨强细纲	张绵级给约	纺弱纱继综	纪弛绿经比

如果要录入二级简码表中的某个汉字，可以先按该字所在行对应的字母键，然后按它所在列对应的字母键即可。例如，录入“刀”字，应先按它所在行的【V】键，然后按它所在列的【N】键即可。

（三）词组录入规则

词组是由两个或两个以上的汉字组合而成的，在五笔字型输入法中，除了可以录入简码汉字外，还可以进行词组录入。词组可以分为二字词组、三字词组和四字词组，以及多字词组等。下面将详细介绍各种词组的录入方法。

1. 二字词组录入

二字词组是指包含两个汉字的词组。二字词组的录入规则为：分别取第1个字和第2个字的前两码，如图5-21所示。（拓展微课：光盘\微课视频\项目五\二字词组.swf）

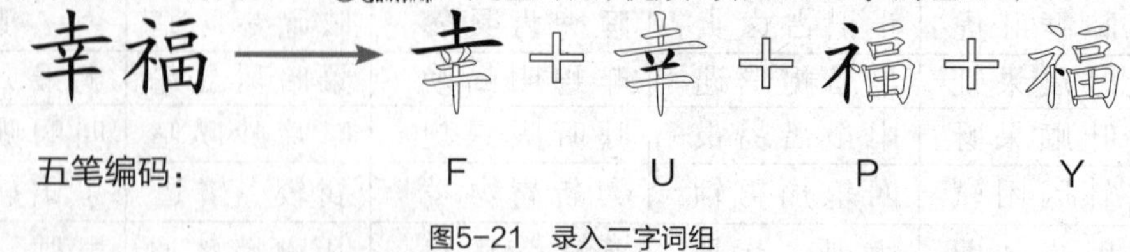

图5-21　录入二字词组

2. 三字词组录入

三字词组即包含3个汉字的词组。三字词组的录入规则为：第1个字的第1个字根+第2个字的第1个字根+最后一个字的第1个字根+最后一个字的第2个字根，如图5-22所示。

（拓展微课：光盘\微课视频\项目五\三字词组.swf）

体温表→体+温+表+表

五笔编码：W I G E

图5-22 录入三字词组

操作提示

使用五笔输入法录入只能录入大部分的二字和三字的词组，词库中收录的词组就无法通过录入词组的方式录入，如三字词组“白茫茫”。当遇到这种情况时，按照单字拆分方法进行录入即可。

3. 四字词组录入

日常工作或生活中常见的成语或四字俗语都属于四字词组。四字词组的录入规则为：第1个字的第1个字根+第2个字的第1个字根+第3个字的第1个字根+第4个字的第1个字根，如图5-23所示。（拓展微课：光盘\微课视频\项目五\四字词组.swf）

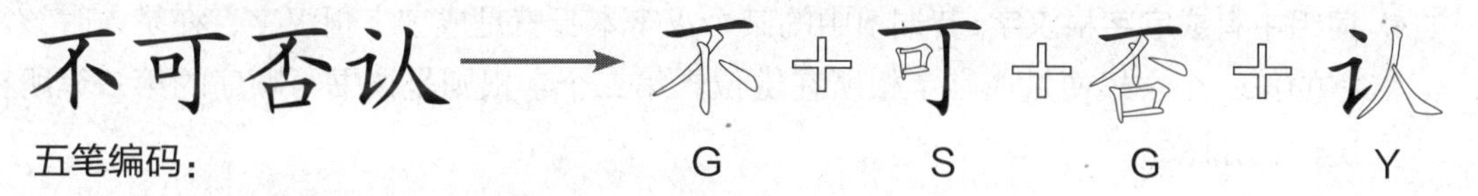

五笔编码：G S G Y

图5-23 录入四字词组

4. 多字词组录入

超过4个汉字的词组都属于多字词组，如“中华人民共和国”、“一切从实际出发”、“有志者事竟成”等。这种词组同样也取4码。多字词组的录入规则为：第1个字的第1个字根+第2个字的第1个字根+第3个字的第1个字根+最后一个字的第1个字根，如图5-24所示。

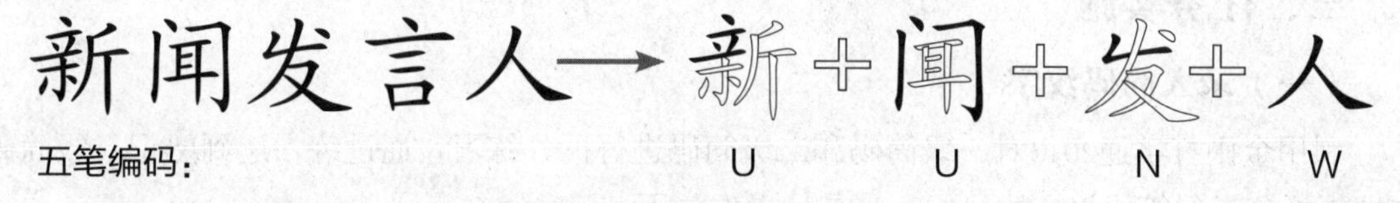

五笔编码：U U N W

图5-24 录入多字词组

操作提示

虽然五笔字型提供了多字词组的录入功能，但通常在录入长篇文档时，因为五笔字型中被添加到词库中的多字词较少，所以除了较常用的语句外，很少使用多字词组录入功能。

5. 特殊词组的录入

在录入词组中有时会参杂了本身就是一级简码、键名汉字、成字字根汉字，对于这类特殊词组的录入规则，下面将进行介绍。

- **词组中有一级简码汉字**：若词组中的某个汉字本身就是一级简码，那么在录入时，就按单个汉字的拆分原则对一级简码汉字进行拆分即可，如图5-25所示。

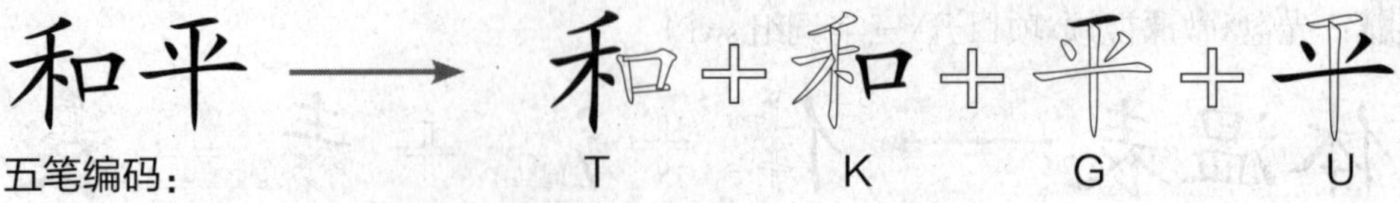

和平 —→ 和+和+平+平

五笔编码：T K G U

图5-25 录入含一级简码的词组

- **词组中有键名汉字**：若词组中的某个汉字本身就是键名汉字，在录入时该汉字的第1码和第2码均是键名字根所在键位，如图5-26所示。

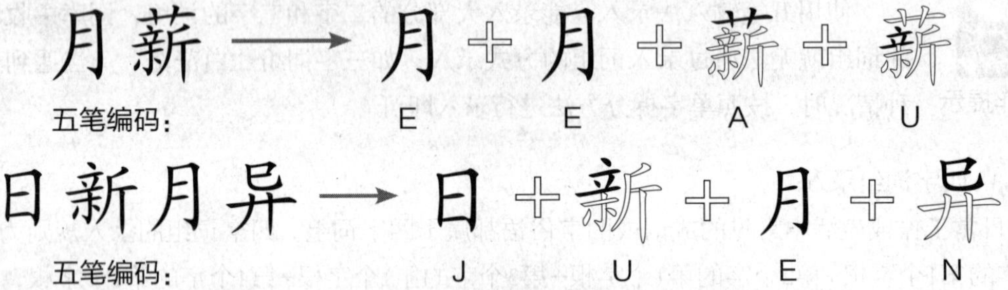

月薪 —→ 月+月+薪+薪

五笔编码：E E A U

日新月异 —→ 日+新+月+异

五笔编码：J U E N

图5-26 录入含键名汉字的词组

- **词组中有成字字根汉字**：若词组中的某个汉字本身就是成字字根汉字，在录入时该汉字的第一个字根便是成字字根所在键位，第二个字根则是按书写顺序的第一笔所在键位，如图5-27所示。

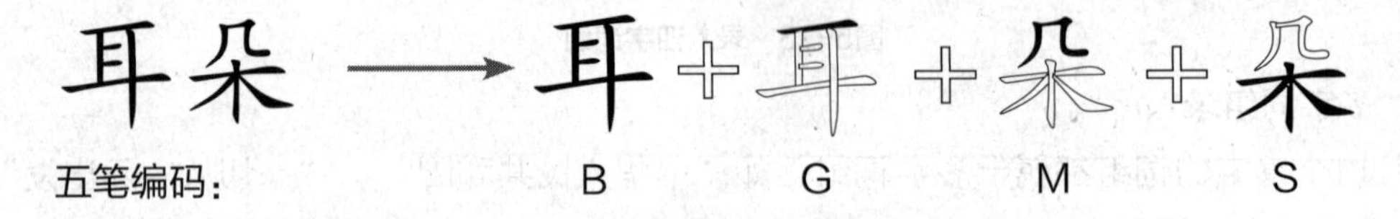

五笔编码：B G M S

图5-27 录入含成字字根汉字的词组

三、任务实施

（一）录入简码汉字

利用金山打字通2013对一级简码和二级简码进行拆分练习，通过练习达到熟记一级简码和快速拆分二级简码汉字的目的。其具体操作如下。

STEP 1 启动金山打字通2013，在首页界面中单击“五笔打字”按钮。

STEP 2 进入“五笔打字”界面，单击“单字练习”按钮。

STEP 3 打开“单字练习”界面，在“课程选择”下拉列表框中选择“一级简码一区”选项，然后按【Ctrl+Shift】组合键切换到“王码五笔型输入法86版”。录入“单字练习”窗口上方显示的一级简码，如图5-28所示。

STEP 4 当录入完一行后，系统会自动翻页，同时，在界面底部显示相应的打字时间、速度、进度、正确率。

STEP 5 练习完“一级简码一区”课程后，用相同方法练习剩下的一级简码课程，然后在“课程选择”下拉列表框中选择“二级简码1”选项进行练习。

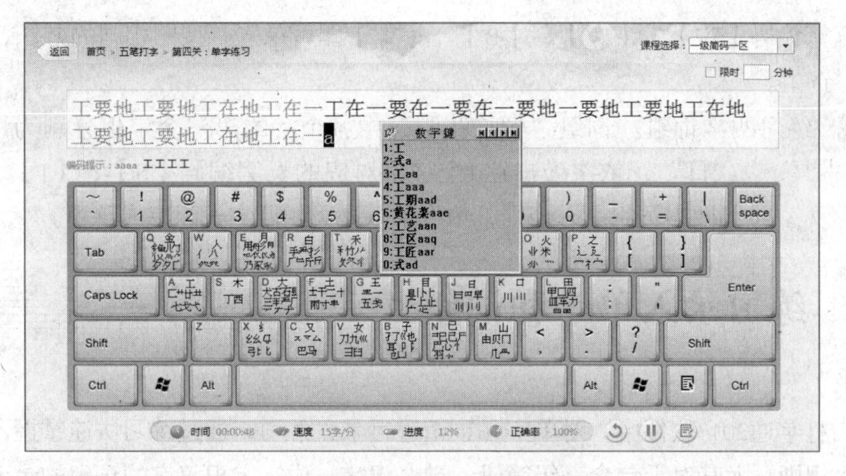

图5-28 简码汉字练习

（二）录入词组

掌握词组的录入规则后，启动记事本程序，分别对如图5-29所示的二级词组、三级词组、四级词组进行练习。其具体操作如下。

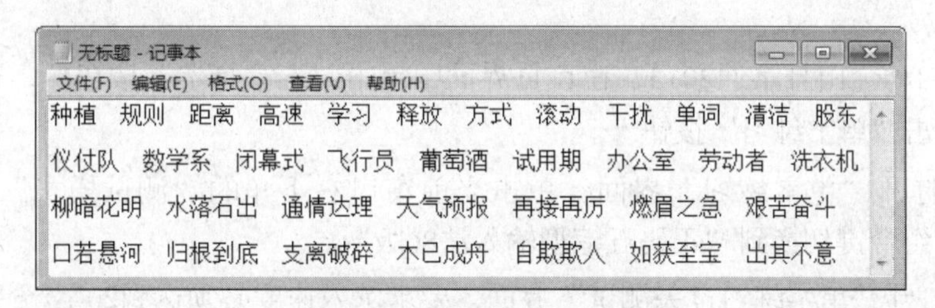

图5-29 简码词组练习

STEP 1 启动记事本程序后，然后切换到“王码五笔型输入法86版”。

STEP 2 首先练习二字词组。在词组“种植”中，“种”的前两个字根为“禾”和“口”；“植”的前两个字根为“木”和“十”，依次敲击这4个字根对应的五笔编码【T】、【K】、【S】、【F】即可录入，如图5-30所示。按照相同的方法，依次录入剩下的二字词组。

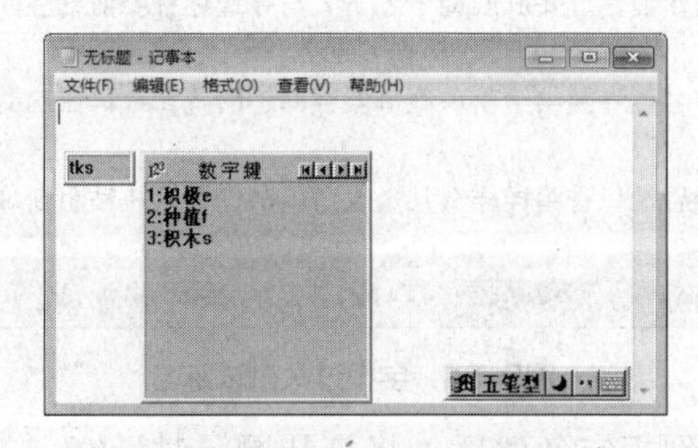

图5-30 录入词组“种植”

STEP 3 练习三字词组。词组“仪仗队”中第一个字“仪”的第一个字根为“亻”，“仗”的第一个字根为“亻”，“队”的前两个字根为“阝”和“人”，依次敲击这4个字根对应的五笔编码【W】、【W】、【B】、【W】即可录入。按照相同的方法，依次录入剩下的三字词组。

STEP 4 练习四字词组。词组“柳暗花明”中各个字的第一个字根分别为“木”、“日”、“艹”、“日”，依次敲击这4个字根对应的五笔编码【S】、【J】、【A】、【J】即可录入。按照四字词组录入规则，依次录入剩下的四字词组完成练习。

实训一 练习录入单字和词组

【实训要求】

在金山打字通2013软件中，对单字和词组进行录入练习，通过练习快速掌握不同单字和词组的录入规则，尤其对于包含一级简码、键名汉字、成字字根汉字的词组的录入方法要特别注意。

【实训思路】

本实训将在“五笔打字”模块中进行录入练习，首先要通过“单字练习”的过关测试，才能对词组进行练习，在练习词组时可根据自己的打字习惯选择相应的练习课程。

【步骤提示】

STEP 1 启动金山打字通2013，在首页界面中单击“五笔打字”按钮，进入“五笔打字”界面中单击“单字练习”按钮。

STEP 2 打开“单字练习”界面，单击当前窗口右下角的“测试模式”按钮，按【Ctrl+Shift】组合键切换到“王码五笔型输入法86版”。

STEP 3 打开“单字练习过关测试”界面，要求录入速度必须达到20字/分钟，正确率达到95%，如图5-31所示。

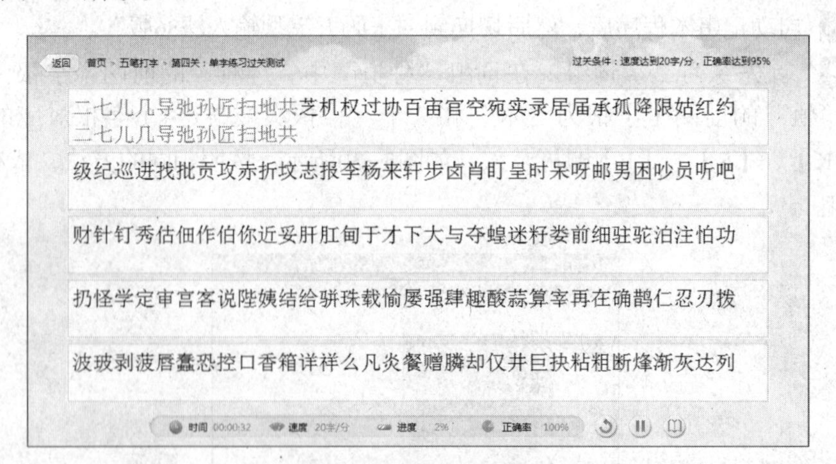

图5-31 字根过关测试练习

STEP 4 测试完成并达到规定条件后，将打开提示对话框，单击“下一关”按钮，打开“词组练习”界面，在窗口右上角的“课程选择”下拉列表框中选择“二字词组1”选项进行练习。

STEP 5 练习完当前课程后，可继续选择三字词组、四字词组、多字词组等进行练习。

实训二 练习录入文章

【实训要求】

在金山打字通2013中进行文章练习，在练习的过程中要善于应用简码和词组的录入方法，提高汉字的录入速度。

【实训思路】

本实训将在“五笔打字”模块的“文章练习”界面中进行录入练习，当遇到需要录入主键盘区中的上挡字符时，尽量做到按标准的键位指法进行击键，然后快速将手指回归至基准键位，以确保下一次的击键操作。

【步骤提示】

STEP 1 启动金山打字通2013，在首页界面中单击“五笔打字”按钮。

STEP 2 进入“五笔打字”界面后，单击“文章练习”按钮，按【Ctrl+Shift】组合键切换到“王码五笔型输入法86版”。

STEP 3 在“课程选择”下拉列表框中选择练习的文章，这里选择“金色花”选项，此时录入界面中显示的文章内容如图5-32所示。练习完该课程后，还可以继续练习金山打字通软件提供的其他文章。

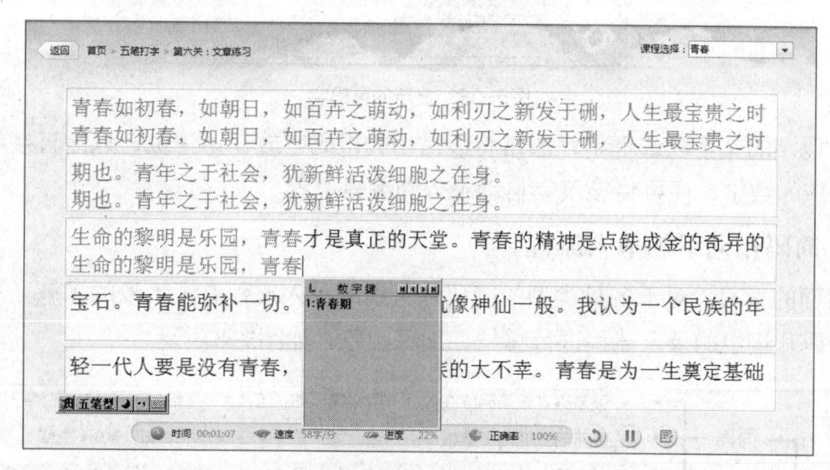

图5-32 文章练习

常见疑难解析

问：在五笔字型中，简码能按录入全码的方式进行录入吗？

答：可以，简码只是省略了常用汉字编码的后一两个编码，从而减少击键次数，提高打字速度。例如“要”字，它属于一级简码，只需按【S】键即可录入，如果要以录入全码的方式进行录入，则需要按【S】、【V】、【F】3个键。

问：汉字"冉"如何才能正确录入？

答：根据书写顺序和取大优先原则，"冉"字应拆分为"冂"和"土"2个字根，其中"冂"字根在【M】键上。但是，按下对应编码【M】键和【F】键后还是无法录入，此时就需要添加末笔识别码。由于"冉"字为杂合型且末笔笔画位于键盘的1区，因此该字的识别码为"D"，然后重新录入五笔编码"MFD+空格键"即可完成"冉"字的录入。

拓展知识

（一）重码字的录入

使用五笔字型输入法时，有时录入编码后，在选字框中会显示几个不同的字，这时需再进行一次选择才能录入所需汉字。这几个具有相同编码的汉字就称为"重码字"。图5-33所示为录入编码"VTKD"后，选字框中显示"群"字和"君"字的录入编码都是一样的，这便是五笔字型中的"重码"现象。

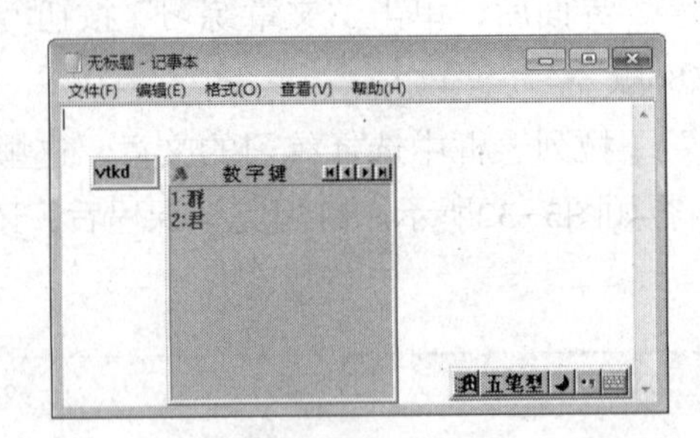

图5-33 显示的重码字

在有重码字的文字候选框中，通常将最常用的重码字放在第一位，只需直接敲击空格键或汉字前对应的数字，便可将该汉字自动录入到编辑位置。

（二）简码和词组的录入流程

通过前面的学习，对于各种类型的简码和词组的录入流程有了大致的了解。下面以图表的形式对简码和词组的录入流程进行总结，加深印象，如图5-34所示。

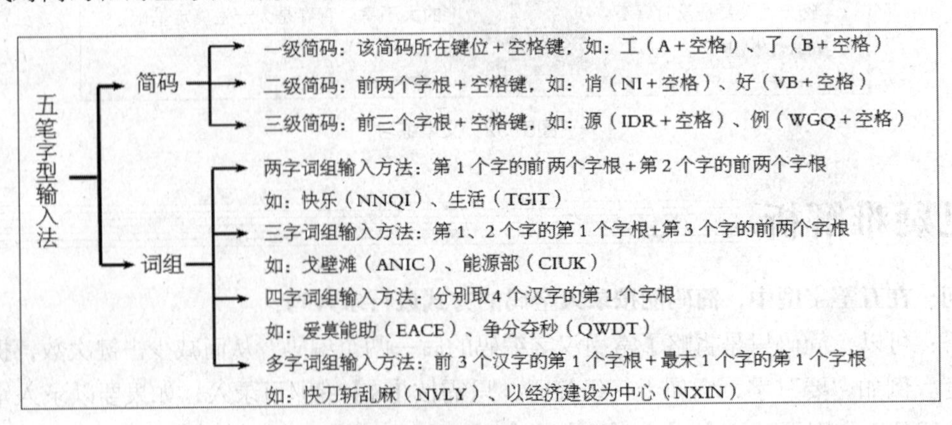

图5-34 简码和词组录入流程

课后练习

（1）指出下列汉字的末笔识别码，并将其对应键位填写在后面的括号中。

例如：血（一）（G）

从（ ）（ ） 余（ ）（ ） 组（ ）（ ） 艾（ ）（ ） 达（ ）（ ）
等（ ）（ ） 急（ ）（ ） 包（ ）（ ） 直（ ）（ ） 生（ ）（ ）
左（ ）（ ） 性（ ）（ ） 卡（ ）（ ） 邑（ ）（ ） 快（ ）（ ）
所（ ）（ ） 长（ ）（ ） 司（ ）（ ） 机（ ）（ ） 申（ ）（ ）

（2）写出下列键名汉字、成字字根汉字、单笔画汉字的五笔编码，并将它们录入到记事本程序中。

匕 十 日 上 八 火 七 小 尸 之
人 雨 目 言 耳 川 竹 金 心 车
古 乙 丁 米 马 门 贝 羽 石 弓
丿 大 皿 丨 巴 田 由 也 卜 幺
、 王 石 巴 刀 几 山 用 竹 孑

（3）启动记事本程序，练习录入4码汉字、不足4码的汉字、超过4码的汉字。当遇到需要添加末笔识别码的汉字时，要认真分析其字型结构和末笔画。

● 左右型

炳 峡 摸 故 例 把 俩 融 陕 误 胚
搜 侠 鞋 晓 期 假 掉 则 括 码 私
胡 髓 防 妇 仰 吧 她 朽 妒 拦 计
短 切 汉 姓 明 输 垃 松 吓 付 格

● 上下型

壳 亩 爸 黑 企 旱 邑 丽 尚 忍 杀
蕊 塞 余 灭 思 忌 卡 弄 忘 荒 盟
落 器 哭 雷 志 皇 春 学 零 孕 父
要 峁 玄 蕊 弄 型 青 字 宋 愁 基

● 杂合型

飞 曳 未 甘 乡 万 屎 君 卜 井 血
凹 刁 自 尺 申 央 应 头 州 里 巾
匀 丹 区 连 刃 圆 尻 斗 闲 成 戊
国 斗 建 凸 图 牛 曲 可 瓦 勾 越

（4）启动写字板程序，使用五笔字型输入法练习录入下面的二字词组、三字词组、四字词组以及多字词组。注意词组中包含键名汉字、成字字根汉字和一级简码的取码规则。

● 二字词组

排球 否认 坎坷 悲伤 足球 经济 故事 弟弟 爆发

队伍　加班　笔记　背后　档案　夏天　机智　风暴　眼泪
爸爸　帮助　疼痛　灿烂　快乐　灯光　血液　宾馆　表达
沟通　冒充　躲藏　歌曲　侮辱　迅速　合资　路灯　演练

● 三字词组

颈动脉　实习生　领导者　服务台　办公室　自治区　闭幕式
形象化　招待所　自动化　圣诞节　奥运会　少数派　笔记本
编辑部　出版社　体育系　马铃薯　小分队　猪八戒　温度计
助学金　金字塔　信用卡　爆炸性　跑买卖　展销会　大踏步

● 四字和多字词组

轻描淡写　光怪陆离　炎黄子孙　体力劳动　以权谋私　生龙活虎
形影不离　自食其果　斩草除根　艰苦卓绝　企业管理　绞尽脑汁
百闻不如一见　喜马拉雅山　当一天和尚撞一天钟　理论联系实际
可望而不可及　风马牛不相及　更上一层楼　剩余劳动力　消费者协会

（5）通过金山打字通2013软件进行在线五笔打字测试，完成后查看测试结果。在测试过程中要充分利用简码和词组，以提高打字速度。图5-35所示为测试界面。

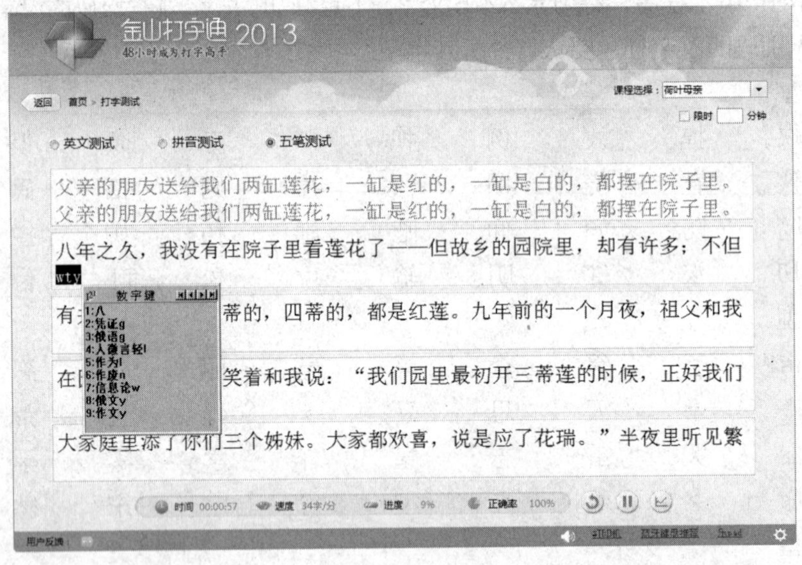

图5-35　五笔测试

PART 6

项目六
高效文字录入方式

情景导入

小白：阿秀，最近我叔叔让我教他用QQ聊天，可是他只会写字，拼音全还给老师了，五笔字根又记不住，你说我该怎么办?

阿秀：那还不简单，用手写录入呀，对于我们的长辈来说，使用手写录入比拼音或五笔更为高效。

小白：太好了，我怎么没有想到。

阿秀：小白，这段时间你的录入水平进展如何?

小白：几种常用输入法已经完全掌握了，可是打字速度依旧不快。

阿秀：那我给你讲解一下速录的知识吧，希望对你有所帮助。

小白：太好了，那就赶快开始吧。

学习目标

- 掌握鼠标录入文字的方法
- 掌握数位板录入文字的方法
- 掌握语音录入文字的方法
- 掌握听打的知识
- 掌握速录的知识

技能目标

- 使用鼠标、数位板、语音录入工具录入文章
- 听打录入中文文章
- 速录“模拟法庭庭审记录”文档

任务一 使用手写录入

对于某些特殊人群，比如中老年人，他们没有学过拼音或五笔，学习输入法时需要一个很长的过程。在不追求速度的情况下，使用手写录入可能比其他录入方法更适合、更为高效。

一、 任务目标

本任务将学习在外部设备上通过手写识别录入文字。在练习录入操作前，要掌握如何使用鼠标和数位板。通过本任务的学习，熟练掌握使用鼠标和数位板录入文字的方法。

二、相关知识

（一）手写识别

手写识别是指将在手写设备上书写时产生的有序轨迹信息转化为汉字内码的过程，实际上是手写轨迹的坐标序列到汉字内码的一个映射过程，是人机交互最自然和最方便的手段之一。随着智能手机、智能电视、平板电脑等设备的普及，手写识别技术也进入了新的时代。手写识别能够使用户按照最贴近生活的录入方式进行文字录入，易学易用，可代替在键盘上的敲击。用于手写录入的设备有许多种，如鼠标、手写板、压感笔等。

（二）手写板和数位板的使用窍门

手写板和数位板是计算机录入设备之一，通常是由一块板子和一支压感笔组成，相当于键盘或鼠标在计算机中录入文字。手写板和数位板等作为非常规的录入产品，都针对一定的使用人群。与数位板不同的是，手写板主要用于录入文字，它没有数位板的压感和坐标定位功能，分辨率也比不上数位板。

不同厂商生产的产品，所使用的识别系统有所不同，但基本的规则大同小异。虽然识别系统识别率都很高，但正确的书写规范能让录入更加效率，因此在使用过程中还应注意以下几点使用窍门。

- 养成正确的坐姿和书写习惯。
- 书写时注意手眼协调，用眼睛看屏幕的同时用手在手写板上或数位板进行书写。
- 笔必须与板接触，落笔后立即开始书写，一气呵成，在书写过程中不要中断。
- 在书写过程中尽量按正确的笔画顺序写，这样汉字的识别率会更高。
- 注意书写规范，确保字符垂直而不倾斜，字符之间要留有间距。
- 多使用软件提供的联想词、同音字功能，这样能提高录入速度。

三、任务实施

（一）使用鼠标录入文字

要使用鼠标进行手写录入，就必须借助相应的辅助程序。下面以“搜狗拼音输入法”自带的手写录入功能为例，在记事本中录入一段名言，如图6-1所示。其具体操作如下。

图6-1 录入名言警句

STEP 1 启动记事本程序，按【Ctrl+Shift】组合键切换到“搜狗拼音输入法”。

STEP 2 用鼠标右键单击状态条上的“菜单”图标，在弹出的快捷菜单中选择“扩展功能”命令，在弹出的子菜单中选择“手写输入”命令，如图6-2所示。

STEP 3 打开“手写输入”对话框，程序默认选择录入中文。先录入“天”字，将鼠标指针移动到“手写输入”对话框左侧的米字格中，鼠标指针变成形状，然后在米字格的左上框中按住鼠标左键不放，横向拖曳鼠标，让鼠标指针移动到右上框释放鼠标，如图6-3所示。在录入的过程中鼠标指针会留下一条轨迹，同时，对话框右侧的选字框中会根据轨迹推测录入的汉字并同步更新。

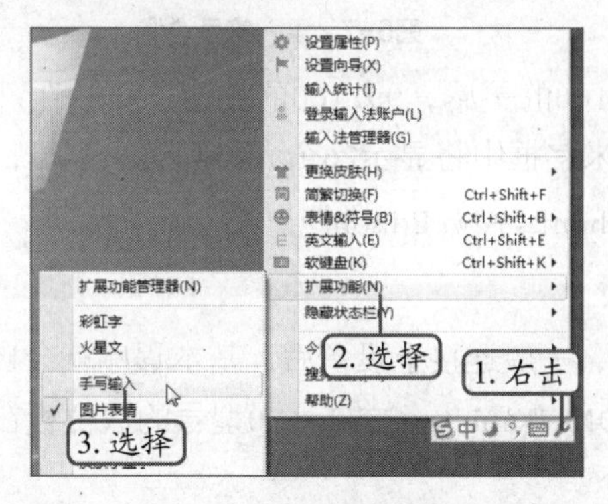

图6-2 打开手写录入程序

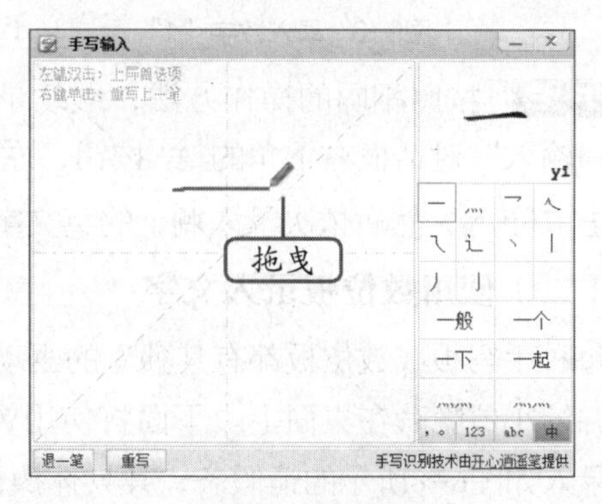

图6-3 拖曳鼠标

STEP 4 按照相同的操作方法在米字格写完剩下的笔画，完成后“手写输入”对话框右侧的选字框中间的第1个小框会显示形状和书写顺序最接近的汉字。将鼠标指针移动到这些小框中，鼠标指针变成形状，上面的大框就会清晰地显示出当前选中的字以及读音，而下面的框中则会显示根据这些字组成的常用的词组。这里单击天字，如图6-4所示。

STEP 5 在记事本中录入“天”字，如图6-5所示。

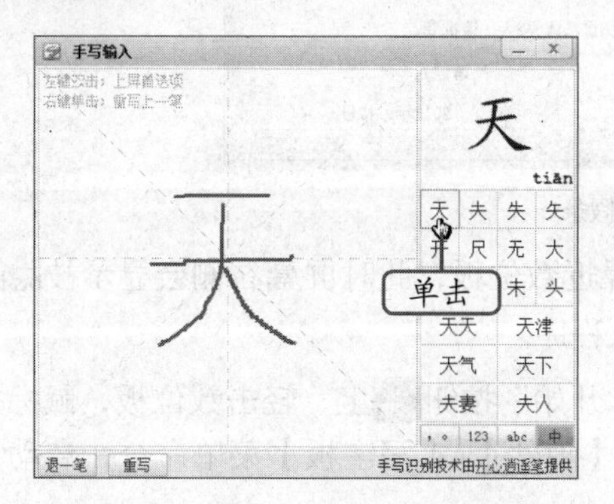

图6-4 单击“天”字

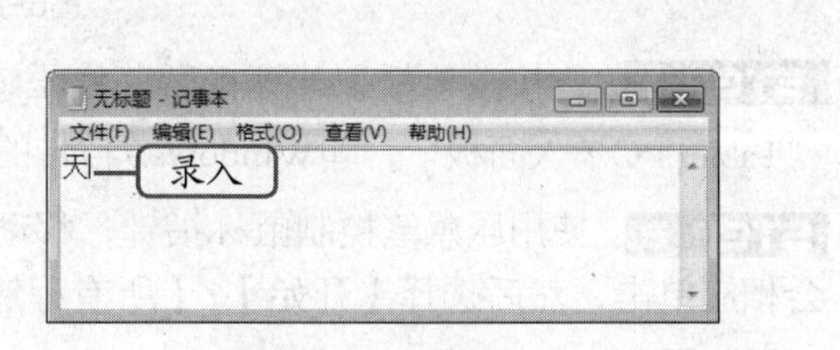

图6-5 录入“天”字

STEP 6 按照相同的操作方法，继续录入"才是"。接着录入数字"1"，单击"手写输入"对话框右下角的 123 按钮，左边的米字框中将显示阿拉伯数字、简体数字、繁体数字3种数字，这里单击数字 1 ，如图6-6所示。

STEP 7 单击"手写输入"对话框右下角的 ,。 按钮，左边的米字框中将显示标点符号和一些特殊的符号，这里单击符号 / ，录入符号"/"，如图6-7所示。

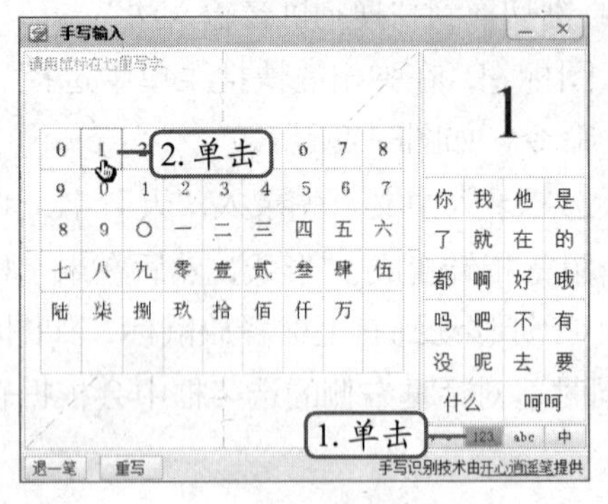

图6-6 录入数字"1"

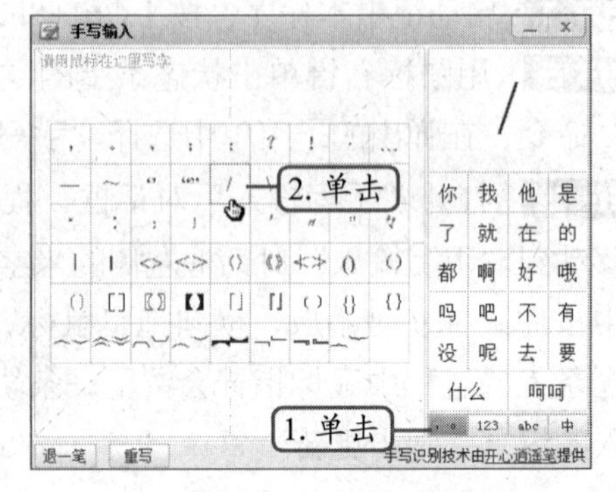

图6-7 录入符号"/"

STEP 8 按照相同的操作方法，继续录入"100的灵感，99/100的勤奋。——"。单击"手写输入"对话框右下角的 abc 按钮，左边的米字框中将显示26个大小写英文字母，这里先单击字母 T ，然后依次录入剩下的英文字母"homas Alva Edison"。

（二）使用数位板录入文字

每种手写板或数位板都有其独立的驱动程序，一般连接上设备后，基本程序就会自动启动，并缩小或隐藏在桌面上。下面将使用WACOM Bamboo CTH-670型号的数位板在写字板中录入如图6-8所示的请假条，其具体操作如下。

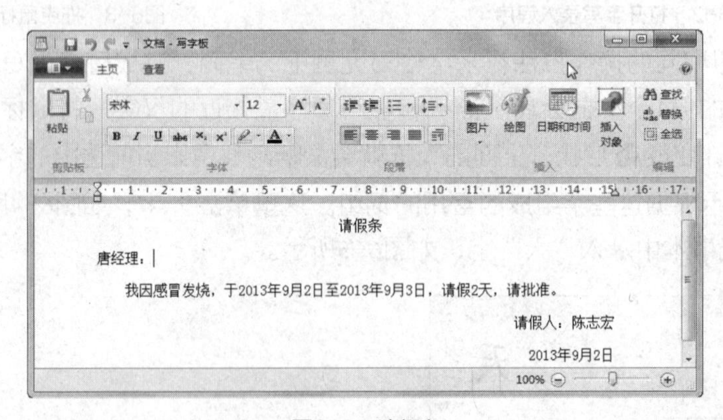

图6-8 请假条

STEP 1 连接数位板和计算机后，将压感笔靠近数位板，此时屏幕右侧会显示被隐藏的"Tablet PC录入面板"，即Windows 7自带的录入程序。

STEP 2 使用压感笔控制鼠标指针，移动到"开始"按钮上，轻击数位板，鼠标指针会相应单击，然后选择【开始】/【所有程序】/【附件】/【写字板】菜单命令，启动"写字板"程序。

STEP 3 将压感笔靠近数位板，此时写字板中鼠标指针下方会出现一个“Tablet PC录入面板”的快捷按钮，单击该按钮，隐藏的Tablet PC录入面板将显示在桌面上，如图6-9所示。

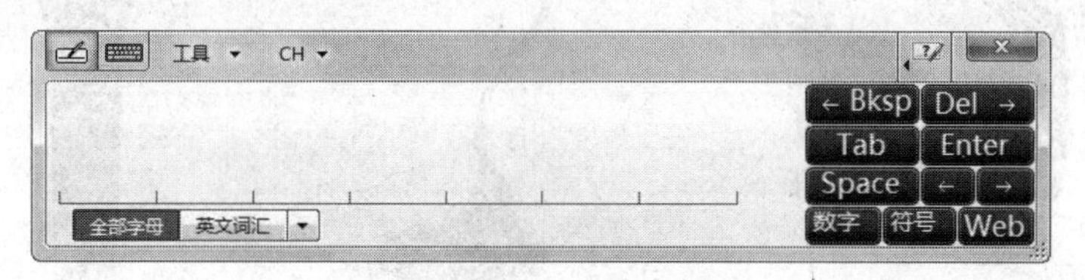

图6-9 Tablet PC录入面板

STEP 4 在【主页】/【段落】组中单击“居中”按钮，打开Tablet PC录入面板，在数位板上书写“请”、“假”、“条”3个字，书写过程和轨迹会同步显示在面板的书写区域，注意字体不要超过下面的线段限制的区域，录入完成后单击“插入”按钮即可将“请假条”文本录入到写字板中，如图6-10所示。

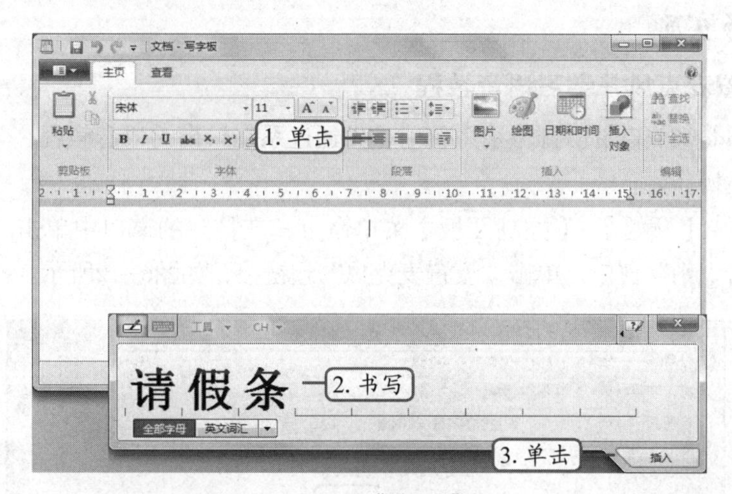

图6-10 录入“请假条”文本

STEP 5 单击面板上的Enter换行，然后按照相同的方法继续录入相应的文本。

任务二 使用语音录入

学习了使用手写录入文字后，在遇到书写结构较为复杂的汉字时，可以使用语音录入协调合作，达到事半功倍的效果。

一、任务目标

本任务首先了解语音录入所使用的工具，然后掌握对语音录入程序如何操作。通过本任务的学习，熟练掌握使用语音录入文字的方法。

二、相关知识

语音录入是将操作者的讲话用计算机识别成汉字的录入方法。它主要使用的工具是与主机相连的麦克风。麦克风又称话筒或传声器，是将声音信号转换为电信号的能量转换器件，如图6-11所示。

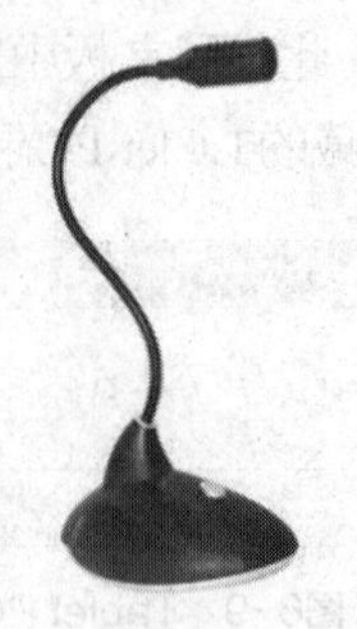

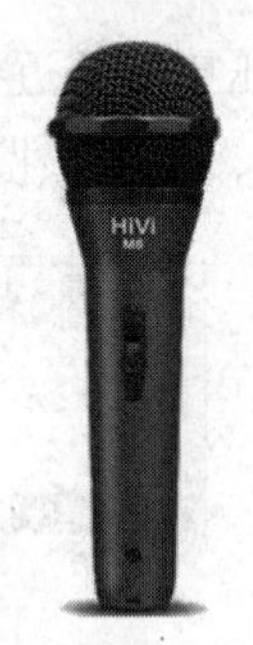

图6-11　耳机式麦克风、桌面麦克风、其他麦克风

语音录入可以认为是世界上最简便、最容易使用的录入方式，只要你会说话，它就能帮助你打字。在使用语音录入时，建议操作者以词组的方式进行录入，毕竟中国汉语的同音字很多，同音词很少。

三、任务实施

（一）设置麦克风并学习语音教程

在使用Windows 7自带语音识别系统前，先通过系统自带的语音教程，学习基本的命令和听写。其具体操作如下。

STEP 1　选择【开始】/【控制面板】菜单命令，在打开的窗口中单击“语音识别”图标，打开“语音识别”窗口，单击“设置麦克风”超链接，如图6-12所示。

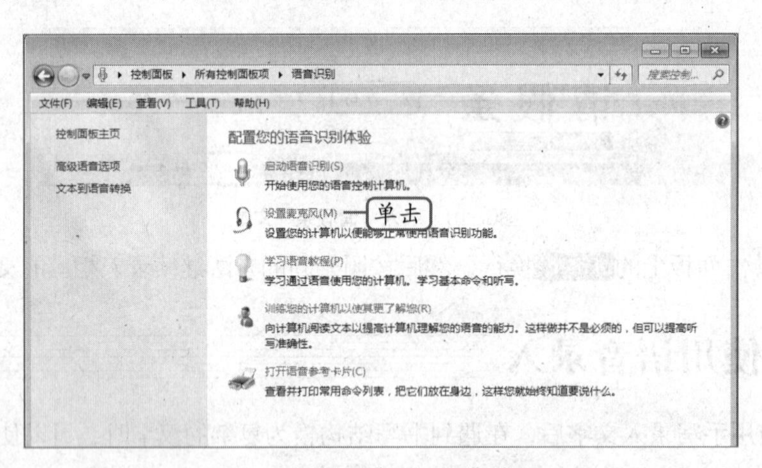

图6-12　打开“语音识别”窗口

STEP 2　打开“麦克风设置向导”对话框，选择当前麦克风类型，这里单击选中“耳机式麦克风”单选项，单击 下一步(N) 按钮，按照对话框中提示的正确方法调整麦克风的位置，然后单击 下一步(N) 按钮。

STEP 3　按照对话框中提示朗读语句测试麦克风能否正常录入声音信号，测试完成后单击 下一步(N) 按钮，如图6-13所示。当对话框中提示“现在已经设置好您的麦克风”，即可单击 完成(F) 按钮，返回“语音识别”窗口。

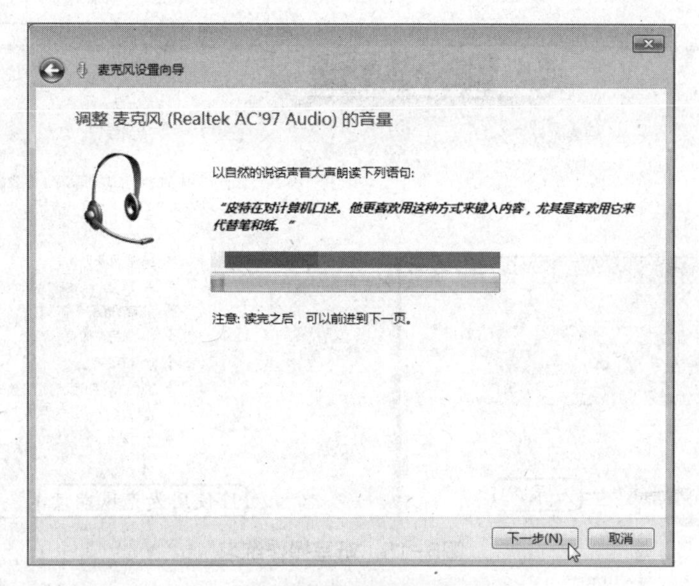

图6-13 按照提示调整麦克风的音量

STEP 4 单击“学习语音教程”超链接，打开“语音识别教程”窗口，然后单击下方的 基础(B) 按钮，进入基础课程。

STEP 5 根据窗口右上角的提示信息，依次单击 下一步(N) 按钮，完成基础操作的练习。其中部分步骤需要根据提示信息朗读下方的蓝色字体，当语言识别界面识别了操作者发出的正确命令后，才会显示 下一步(N) 按钮，如图6-14所示。如果只需要了解操作方法，可以单击菜单按钮上方的步骤按钮切换练习。

STEP 6 完成基础课程的“摘要”练习后，单击显示的 下一步(N) 按钮或单击下方的 听写(D) 按钮，可进入到听写课程。

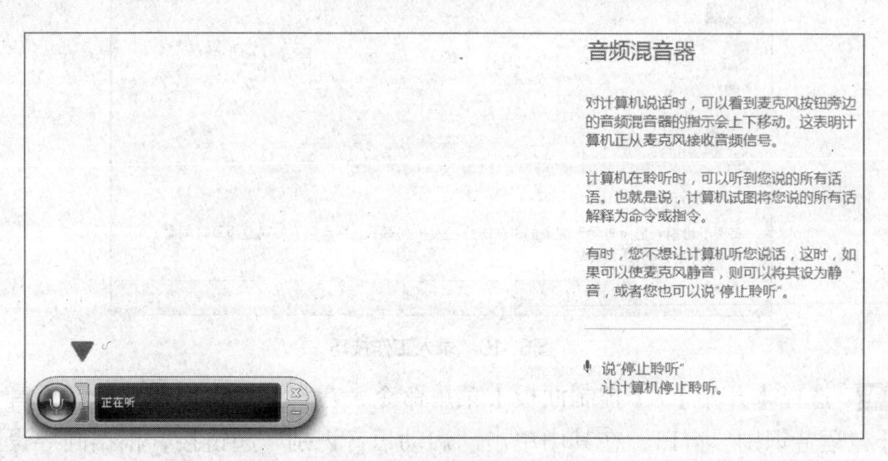

图6-14 基础操作练习

STEP 7 听写课程与基础课程的操作基本相同，不同的是，操作者朗读蓝色字体语句后，系统将会把识别到的语句信息录入到“写字板”程序中，如图6-15所示。

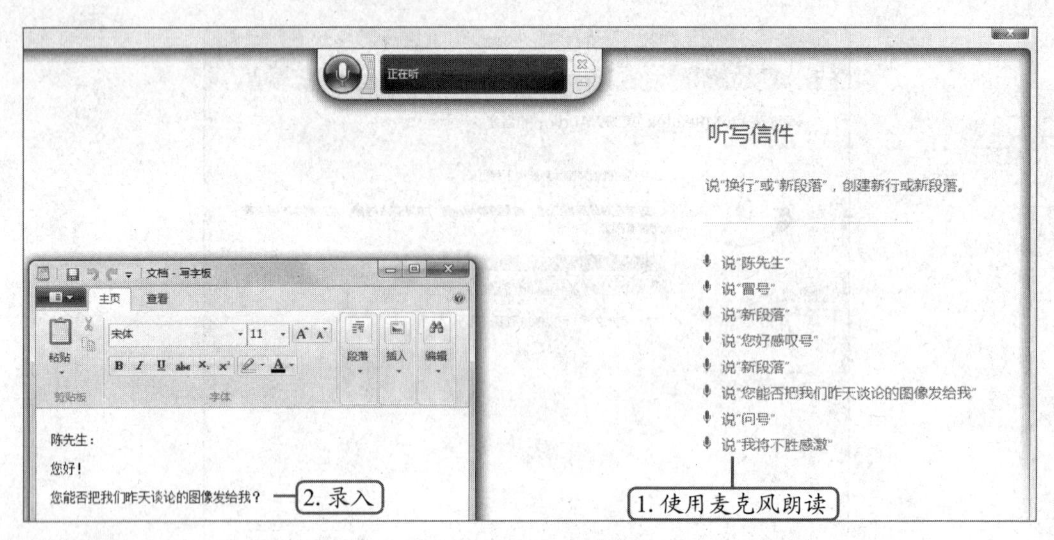

图6-15　听写操作练习

STEP 8 按照相同的操作方法，继续学习“命令”和“使用Windows”课程。完成后单击按钮退出程序。

（二）使用语音录入软件在写字板中录入文字

写字板是“附件”中的使用程序，用于创建、编辑、格式化、浏览文档，其功能比只能查看或编辑文本（.txt）文件的记事本强大，文档长度可超过64KB。支持对象链接与嵌入技术，可插入图片、声音、视频剪辑等多媒体资料。下面将通过Windows 7自带的语音录音软件打开“写字板”程序，在其中录入一则工作技巧，如图6-16所示。其具体操作如下。

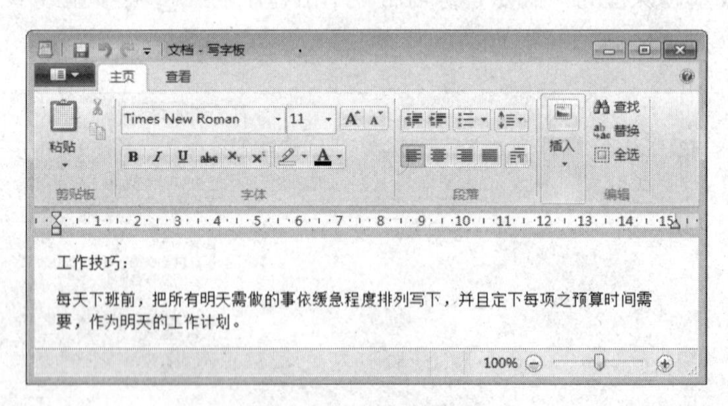

图6-16　录入工作技巧

STEP 1 选择【开始】/【控制面板】菜单命令，在打开的窗口中单击“语音识别”图标，打开“语音识别”窗口，在其中单击“启动语音识别”超链接，根据向导设置并打开“语音识别”界面。

STEP 2 单击按钮，打开Windows 语音识别聆听模式，当界面显示“正在聆听”时，表示可以使用“语音识别”系统控制计算机了，如图6-17所示。

图6-17 开启聆听模式

STEP 3 依次说出“开始”，“所有程序”，“附件”，“写字板”，即可启动“写字板”程序。

STEP 4 接着录入“工作技巧：”文本，依次说出“工作技巧”，“冒号”，“新段落”即可，如图6-18所示。

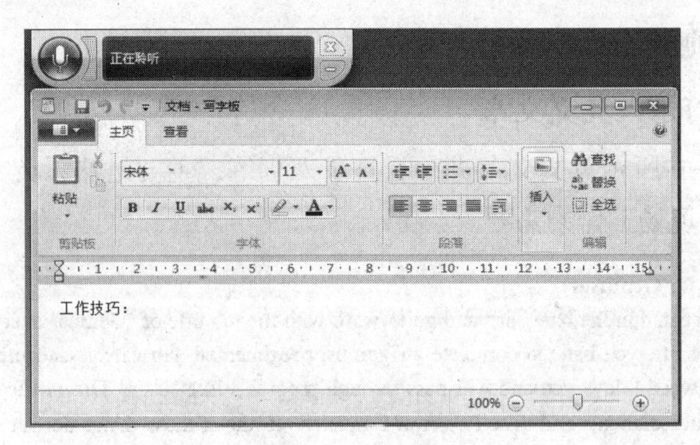

图6-18 录入文本

STEP 5 按照相同的操作方法依次说出“每天下班前”，“逗号”，“把所有明天需做的事依缓急程度排列写下”，“逗号”，“并且定下每项之预算时间需要”，“逗号”，“作为明天的工作计划”，“句号”，完成后说出“停止聆听”结束语音录入。

任务三 听打录入中英文文章

听打是一种特殊的录入方法，先听音，后击键，属于追打，是被动的录入。只有当录入速度与准确率达到了一定的程度，并经过针对性训练，才能边听边进行录入。

一、 任务目标

本任务首先要求拥有纯熟的指法和高度集中的注意力，然后通过提高英文和中文的词汇量，保证听打录入的速度和准确性。通过本任务的学习，熟练掌握听打录入中英文的技能。

二、相关知识

听打要求做到三句合一，也就是说，耳朵听一句，记一句，手上打一句。这是锻炼耳朵听音的准备性，心理的稳定性，大脑的记忆性，而且要将三者有机的结合起来，这就需要反复、不断地听打练习才能达到。保证计算机中英文听打录入质量的注意事项有以下几点。

- 保持正确的录入姿势和录入指法。
- 心要静，注意力要集中，忌急躁。
- 拓展知识面，努力钻研业务知识，熟悉专业词汇，提高录入的准确率。
- 尽量将听到的语言信息记录完整，录入中文时，遇到陌生的字、词可先用同音的代替，待后期再进行校对和修改。

指法不纯熟，录入速度就慢，甚至会产生错打现象。要想保证录入的速度和准确性，除了苦练基本功外，没有其他的捷径。在听打的过程中，要保证注意力集中，心不外用，排除杂念，才能避免错打或漏打的现象发生。

另外，录入人员的文化程度和知识面对听打的效果也有很大的影响。对中英文的熟知程度，对本行业的业务知识和专业术语的熟知程度，知识面的广阔程度，都影响计算机听打录入的最后结果。拥有扎实的基础，才能逐步提高听打技能。

三、任务实施

（一）通过听打录入英文文章

下面将对如图6-19所示英文文章进行听打录入训练，主要是熟悉英文中的连读等音节变化，以便更好地适应现场工作的需要。

Bootcamp for Geniuses

Before you can don the blue shirt and go to work with the job title of "Genius" every business day of your life, you have to complete a rigorously regimented, intricately scheduled training program. Over 14 days you and will pass through programs like "Using Diagnostic Services," "Component Isolation," and "The Power of Empathy." If one of those things doesn't sound like the other, you're right—and welcome to the very core of Apple Genius training: a swirling alloy of technical skills and sentiments straight from a self-help seminar.

The point of this bootcamp is to fill you up with Genius Actions and Characteristics, listed conveniently on a "What" and "How" list on page seven of the manual. What does a Genius do? Educates. How? "Gracefully." He also "Takes Ownership" "Empathetically," "Recommends" "Persuasively," and "Gets to 'Yes'" "Respectfully." The basic idea here, despite all the verbiage, is simple: Become strong while appearing compassionate; persuade while seeming passive, and empathize your way to a sale.

No need to mince words: This is psychological training. There's no doubt the typical trip to the Apple store is on another echelon compared to big box retail torture; Apple's staff is bar none the most helpful and knowledgable of any large retail operation. A fundamental part of their job—sans sales quotas of any kind—is simply to make you happy. But you're not at a spa. You're at a store, where things are bought and sold. Your happiness is just a means to the cash register, and the manual reminds trainees of that: "Everyone in the Apple Store is in the business of selling." Period.

图6-19 英文短文

（二）通过听打录入中文文章

由于汉字是衍形表意文字，因此汉语在表达字义时，会出现文字字形、字音、字义三者之间的矛盾，这些矛盾交错发展形成了一字多形多音多义和多字同形同音同义的现象。在中文听打录入时，对于容易出错的形似而义不同，音似而义不同的汉字，必须辨别清楚，以提高录入的正确率。下面将对如图6-20所示中文文章进行听打录入训练，不仅能有效提高准确率，还能提高在工作时的反应速度。

××的价值

在很多人看来，××并不是一家“好公司”。它的产品设计中庸，外观平实，除了价格和质量上的相对优势，实在找不到什么新意。它没有苹果公司那样的创新性产品和精神，而且，它似乎也志不在此，安于充当“收购者”的角色，乐此不疲地捡起那些“创新者”丢掉的亏损业务。

按照常规的理解，这似乎是一家缺乏开创精神的企业，在市场竞争中安于本分，每当行业萧索的时候，却慷慨地收购强势竞争者抛弃的资产，看起来似乎也没有什么战略远见。

衡量一家公司优劣的标准是多维度的，并且因立场和视角的不同而存在差异。股东看重资产规模，投资者在意资本回报率，消费者则希望获得物有所值的产品或服务，员工关心薪酬福利，而社会则更关心它能够提供的就业岗位、创造的工作机会。可见，不同的立场和视角会生成不同的评价，这些声音共同影响着公司的声誉和形象。“三十而立”的联想对此或许早已习惯。

然而，股东、投资者、消费者、员工、社会……这些看似不同的诉求背后，则是价值的统一。作为一家公司，“赚钱的能力”、“持续赚钱的能力”以及“增长的潜力”，才是其核心价值所在。如果脱离这一点，它必然无法存活于市场，如此一来，何谈创新，何谈社会责任？

如果按照财经作家吴晓波的划分，以 1984 年作为“中国公司元年”，那么创建于这一年的联想，到今年刚好成立 30 周年。对于一家中国公司而言，30 年的时间，不能算短。面对激烈残酷的市场竞争，联想不但活了下来，而且积极地兼并全球资产，从一家成立于中关村的区域性公司，到今天在世界范围开展业务，参与全球市场竞争的国际化公司。成长之快不可谓不迅猛。

应该认识到一点：30 年的市场竞争当中，联想找到了自己的生存之道和成功路径，受益于此的同时，也会受制于它自己的历史和成功经验。而一家公司的成长，则是自身历史延伸和市场因素催化的共同结果。联想的公司基因，以及组织结构和人力资源储备，从根本上决定了其硬件制造商的市场定位更安全，运营管理上更为可靠有效，竞争中也可以处于相对优势。而全球市场及产业环境的变动，则从外部为其提供了各种可能的收购机会。对 IBM 个人电脑业务以及此后诸多的收购整合，则为其跨国收购提供了大量可以借用的经验。

创新并非空穴来风，更不是无中生有，而是根植于特定成长土壤的各种竞争变量的有机组合，它往往需要借助强势领导人的推动，更依赖于全面的组织变革以及系统性的公司改造。

以××的公司属性与优劣势而言，创新的难度、风险和成本，远远大过其资源整合与产业扩张。因此，当务之急，是升级而非转型——并不是放弃利润日益微薄的 PC、服务器、手机等硬件制造业务，向高附加值的领域转型；而应升级产品与技术，争取更多的话语权，以巩固和扩大其在传统硬件制造领域的市场份额，与此同时向云存储、云计算等领域战略性布局。

应该看到，在中国大陆，以及其他新兴市场，PC、手机、平板、服务器等硬件产品仍然存在巨大的市场空间和成长可能。如今在强势竞争者向前沿领域转移的背景下，收购它们抛掉的经营不善的业务资产，依靠自身的成本控制、运营管理和组织改造能力，还是可以大有作为的。

当然，收购作为一种扩张手段，不仅仅购买专利技术、业务关系和团队组织等可量化固定资产，而应着眼于未来，也就是说这些资产对已有资产的协同、组合、催化效应。从新旧技术、团队、业务关系、资产模块的重组中，生出新的市场机会与开创能力，便是价值所在。

图6-20 中文短文

任务四 速录“模拟法庭庭审记录”

现在速录在中国还是属于新兴的行业，稀缺量比较大，目前全国市场上能够独立完成大型会议速记任务的速录师仅有几百人，主要分布在北京、上海、广州等大城市。

一、 任务目标

本任务首先了解庭审速录的常见问题，然后对“模拟法庭庭审记录”进行速录。通过本任务，了解庭审笔录工作方面的相关知识，并掌握速录的方法。

二、相关知识

（一）什么是速录

速录是由具备相当的信息辨别、采集和记忆能力及语言文字理解、组织、应用等能力的人员运用速录机对语音或文本信息进行实时采集整理的工作。由于工作环境、工作内容、工作要求的巨大差异，速录完全不同于打字，速记是会议、论坛经济的产物，速录是网络经济的产物。

速录师的就业前景十分被看好。一般人讲话的速度都在每分钟180~230字，而目前速录最高纪录是每分钟674字。速录师目前主要在以下几个领域工作：一是司法系统的庭审记录、询问记录；二是社会各界讨论会、研讨会的现场记录；三是政府部门、各行各业办公会议的现场记录；四是新闻发布会的网络直播；五是网站嘉宾访谈、网上的文字直播；六是外交、公务、商务谈判的全程记录；七是讲座、演讲、串讲的内容记录等。

（二）速录机

图6-21所示为速录机，全称为亚伟中文速录机，这种特殊的机器是我国著名的速记专家唐亚伟教授发明的，通过双手的多指敲击键盘来完成，最多同时可以打出7个字，可以与人的说话是同步进行，做到话音落，文稿出。

图6-21 速录机

三、任务实施

庭审记录是人民法院庭审记录过程的原始记录，是制作裁判文书的重要依据，是检查人民法院审判工作是否正确的重要依据，也是上诉法院庭审记录的基础，同时也是加强审判监督、检查办案质量和执法情况、总结审判经验教训的宝贵资料。下面将对如图6-22所示“模拟法庭庭审记录”进行速录训练（素材参见：素材文件\项目六\任务四\全文庭审记录.docx）。

模拟法庭庭审记录

案由：

开庭时间：2013 年 1 月 14 日 开庭地点 ：

组成人员：审判长 云峰

审判员 丹丹 张倩

书记员 春花

公诉人 包全 黄娅

被告人 郑慧

证 人 钟春艳 张婷婷 朱家言

庭前准备

书记员宣读：

请全体旁听人员坐好，下面宣读法庭规则：（略记）

书记员（春花）：公诉人、被害人、辩护人入庭。（公诉人及诉讼参与人就座后）

书记员（春花）：审判长、审判员，入庭，全体起立。（审判长、审判员就座）

书记员（春花）：大家坐下。

书记员（春花）：（转身）报告审判长：公诉人、被害人、辩护人等有关人员已经到庭；多位证人已经在庭外等候出庭。被告人已经在羁押室候审，被告人郑慧在开庭前的准备工作已经就绪，报告完毕。（书记员就座）

一、开庭

审判长（云峰）：现在开庭。（敲法槌）

浙江省宁波市鄞州区人民法院刑事审判第一庭,今天就浙江省宁波市鄞州区人民检察院提起公诉的被告人郑慧因持弹簧刀将石尉刺成重伤一案进行公开审理。请法警带被告人郑慧到庭。（待被告在被告席就坐后解除刑具）

审判长（云峰）：根据法律有关规定，下面核对当事人身份。被告人郑慧这是你的真实姓名吗?

被告人（郑慧）：是的。

审判长（云峰）：有没有曾用名、化名或者卓号?

图6-22 模拟法庭庭审记录

实训一 听打录入中文文章

【实训要求】

在“写字板”程序中听打录入如图6-23所示的中文文章，练习过程中要保持正确的坐姿和击键指法。

【实训思路】

本实训将通过“写字板”程序和听打完成中文文章的录入，首先要听清楚素材的内容，然后再进行听打录入。

【步骤提示】

STEP 1 单击【开始】/【所有程序】/【附件】/【写字板】菜单命令，启动“写字板”程序。

STEP 2 打开素材文档（素材参见：素材文件\项目六\实训一\出纳工作内容.rtf），进行听打练习。

出纳工作内容

具体描述

出纳工作：主要是与现金收付及银行存款收付有关的会计工作，是会计工作的基础。

1.货币资金核算。日常工作内容有：

（1）办理现金收付，审核审批有据。严格按照国家有关现金管理制度的规定，根据稽核人员审核签章的收付款凭证，进行复核，办理款项收付。对于重大的开支项目，必须经过会计主管人员、总会计师或单位领导审核签章，方可办理。收付款后，要在收付款凭证上签章，并加盖“收讫”、“付讫”戳记。

（2）办理银行结算，规范使用支票。严格控制签空白支票。如因特殊情况确需签发不填写金额的转账支票时，必须在支票上写明收款单位名称、款项用途、签发日期，规定限额和报销期限，并由领用支票人在专设登记簿上签章。逾期未用的空白支票应交给签发人。对于填写错误的支票，必须加盖“作废”戳记，与存根一并保存。支票遗失时要立即向银行办理挂失手续。不准将银行账户出租、出借给任何单位或个人办理结算。

（3）认真登日记账，保证日清月结。根据已经办理完毕的收付款凭证，逐笔顺序登记现金和银行存款日记账，并结出余额。现金的账面余额要及时与银行对账单核对。月末要编制银行存款余额调节表，使账面余额与对账单上余额调节相符。对于未达账款，要及时查询。要随时掌握银行存款余额，不准签发空头支票。

（4）保管库存现金，保管有价证券。对于现金和各种有价证券，要确保其安全和完整无缺。库存现金不得超过银行核定的限额，超过部分要及时存入银行。不得以“白条”抵充现金，更不得任意挪用现金。如果发现库存现金有短缺或盈余，应查明原因，根据情况分别处理，不得私下取走或补足。如有短缺，要负赔偿责任。要保守保险柜密码的秘密，保管好钥匙，不得任意转交他人。

（5）保管有关印章，登记注销支票。出纳人员所管的印章必须妥善保管，严格按照规定用途使用。但签发支票的各种印章，不得全部交由出纳一人保管。对于空白收据和空白支票必须严格管理，专设登记簿登记，认真办理领用注销手续。

（6）复核收入凭证，办理销售结算。认真审查销售业务的有关凭证，严格按照销售合同和银行结算制度，及时办理销售款项的结算，催收销售货款。发生销售纠纷，贷款被

图6-23 “出纳工作内容”文档效果

实训二 速录演讲记录文章

【实训要求】

在“写字板”程序中使用速录机对如图6-24所示的演讲记录进行速录。练习过程中要保持正确的坐姿和击键指法，速度不低于140字/分钟，正确率不低于80%。

【实训思路】

本实训将通过速录机进行文章速录练习，速录时当速度能跟上发言人的语速，可以边打边改，当速度不及发言人的语速时，要尽量用同音的字或词将听到的语言信息记录完整，待后期进行校对。

【步骤提示】

STEP 1 选择【开始】/【所有程序】/【附件】/【写字板】菜单命令，启动“写字板”程序。

STEP 2 连接速录机和计算机，安装驱动程序。

STEP 3 对素材文档进行速录（素材参见：素材文件\项目六\实训二\演讲记录.rtf）。

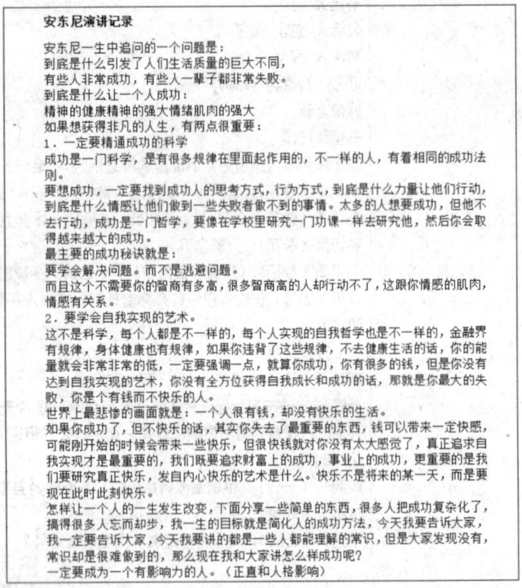

安东尼演讲记录

安东尼一生中追问的一个问题是：
到底是什么引发了人们生活质量的巨大不同，
有些人非常成功，有些人一辈子都非常失败。
到底是什么让一个人成功：
精神的健康精神的强大情绪肌肉的强大
如果想获得非凡的人生，有两点很重要：
1．一定要精通成功的科学
成功是一门科学，是有很多规律在里面起作用的，不一样的人，有着相同的成功法则。
要想成功，一定要找到成功人的思考方式，行为方式，到底是什么力量让他们行动，到底是什么情感让他们做到一些失败者做不到的事情。太多的人想要成功，但他不去行动，成功是一门哲学，要像在学校里研究一门功课一样去研究他，然后你会取得越来越大的成功。
最主要的成功秘诀就是：
要学会解决问题。而不是逃避问题。
而且这个不需要你的智商有多高，很多智商高的人却行动不了，这跟你情感的肌肉，情感有关系。
2．要学会自我实现的艺术。
这不是科学，每个人都是不一样的，每个人实现的自我哲学也是不一样的，金融界有规律，身体健康也有规律，如果你违背了这些规律，不去健康生活的话，你的能量就会非常非常的低，一定要强调一点，就算你成功，你有很多的钱，但是你没有达到自我实现的艺术，你没有全方位获得自我成长和成功的话，那就是你最大的失败，你是个有钱而不快乐的人。
世界上最悲惨的画面就是：一个人很有钱，却没有快乐的生活。
如果你成功了，但不快乐的话，其实你失去了最重要的东西，钱可以带来一定快感，可能刚开始的时候会带来一些快乐，但很快钱就对你没有太大感觉了，真正追求自我实现才是最重要的，我们既要追求财富上的成功，事业上的成功，更重要的是我们要研究真正快乐，发自内心快乐的艺术是什么。快乐不是将来的某一天，而是要现在此时此刻快乐。
怎样让一个人的一生发生改变，下面分享一些简单的东西，很多人把成功复杂化了，搞得很多人忘而却步，我一生的目标就是简化人的成功方法，今天我要告诉大家，我一定要告诉大家，今天我要讲的都是一些人都能理解的常识，但是大家发现没有，常识却是很难做到的，那么现在我和大家讲怎么样成功呢？
一定要成为一个有影响力的人。（正直和人格影响）

图6-24 “演讲记录”文档效果

常见疑难解析

问：为什么将新买的数位板连接到计算机上，使用压感笔操作没有鼠标指针反应？

答：可能是将数位板连接到计算机后，没有安装相应的数位板驱动程序，只要保持网络畅通，一般连接后，系统会自动下载并安装驱动程序。如果在没联网的特殊情况下，购买数位板时，会随赠一张安装光碟，只需将光碟放入光驱中，按照说明书安装即可。

问：有没有快速的方法提高手写的录入速度？

答：手写录入的速度与操作者对程序以及录入文字的熟练程度息息相关，当然使用写字板或数位板肯定比使用鼠标更快，因为前者更接近正常写字习惯。多使用软件提供的联想词、同音字功能，这样也能提高录入速度。

拓展知识

（一）速录和录音的区别

信息社会的飞速发展，产生了速录机和录音设备。很多人认为录音可以完全代替速录，这种认识是不正确的，速录和录音的区别介绍如下。

- **应用范围不同**：录音只能记录有声信息，且不能实时转化为文字。对无声信息更是无能为力，速录既可以记录有声信息，又可以记录无声信息，而且可以使有声信息书面化，同时，对体态语等无声信息也可以记录。尤其是在某些不允许或不方便使用录音的场合，速录的作用就显得特别重要。
- **时效性不同**：录音记录有声信息时，只能被动的机械照录，不能进行选择和修改，不便查找。同时，录音记录的有声信息整理转换成文字时，仍然需要来回倒带，费时费力。1小时的录音信息整理成文字，一般需要3~4小时才能完成。速录技术由人把握信息记录的主动权，记录信息时可以进行同步过滤、修改、整理。另外，录音记录交互式语言信息时不便于书面化，如座谈会、交流会、研讨会、论坛等场合，同时会有多个人在说话，在将录音信息整理为书面材料时，由于看不到发言人，较难识别是哪一位讲者的信息，从而产生语言错位的现象。而速录记录因为速录师在现场采集便没有这样的烦恼。
- **记录的信息量不同**：人们在表达语言信息时，往往伴随着无声信息（表情、手势、体态）也是需要记录下来的，这些无声信息无法录音，这样的信息显得不够全面和丰满，而速录则可以记录下来。人们在表达语言过程中，有时会只说前半句话，后半句可能会出现吞音或省略不说等信息遗漏现象，如果讲者的声音小而听不清时，记录和采集起来就更困难。在会议现场采集信息要比听录音带采集信息，其信息来源要丰富得多，记录整理起来也轻松得多，速录师可以借助当时的语境，通过观察发言人的神态或口形等分析和理解将记录补充完整，使得记录下的语言信息更加准确、丰富、生动。

（二）速录师职业标准

按照《速录师国家职业标准》，速录师分为3个等级，即速录员、速录师、高级速录师。速录员对语音信息的采集速度是每分钟不低于140字；速录师每分钟不低于180字；高级速录师则要求每分钟不低于220字。3个等级的准确率都必须达到95%以上。

速录师等级证书申报条件如下。

- **速录员（具备以下条件之一者）**：经本职业速录员正规培训达规定标准学时数，并取得结业证书；连续从事本职业2年以上；取得以中级技能为培养目标的中等以上职业学校本职业毕业证书。
- **速录师（具备以下条件之一者）**：取得速录员职业资格证书后，连续从事本职业工作1年以上；连续从事本职业工作3年以上；具有大专以上本专业或相关专业学历，连续从事本职业工作1年以上。
- **高级速录（具备以下条件之一者）**：取得本职业速录师职业资格证书后，连续从事本职业工作2年以上，经本职业高级速录师正规培训达规定标准学时数，并取得结业证书；连续从事本职业要作5年以上；具有大专以上本专业或相关专业学历，连续从事本职业工作2年以上。

课后练习

（1）启动“记事本”程序，使用手写录入素材文档内容（素材参见：素材文件\项目六\课后练习\祝酒词.txt）。

（2）启动“写字板”程序，使用语音录入素材文档内容（素材参见：素材文件\项目六\课后练习\催款函.rtf）

（3）启动“写字板”程序，使用听打录入素材文档内容（素材参见：素材文件\项目6六\课后练习\表彰通报.rtf）

（4）启动“写字板”程序，使用速录录入素材文档内容（素材参见：素材文件\项目六\课后练习\保密协议.rtf）

PART 7

项目七 在Word 2010中录入和编辑文字

情景导入

阿秀：小白，最近公司要招一批销售人员，需要做一个招聘启事，你去准备一下。

小白：好的，我会尽力去完成的。

阿秀：对了，顺便把刚才的开会记录整理一下，尽快CC一份电子文档，我要进行存档。

小白：什么是C……C?

阿秀：CC就是抄送的意思，明白了吗?

小白：是这样呀，那我现在就去整理。

学习目标

- 掌握Word 2010工作界面中各组成部分的作用
- 掌握Word 2010的启动和退出方法
- 掌握Word文档的新建、打开、关闭、保存等基本操作
- 掌握Word文档的录入和编辑操作
- 掌握字体格式和段落样式的设置

技能目标

- 掌握“会议记录”电子文档的录入和编辑方法
- 掌握“招聘启事”电子文档的录入和设置方法
- 了解各种办公文稿字体的选择

任务一 Word 2010的基本操作

Word是Microsoft公司开发的Office办公组件之一，主要用于文字处理工作。Word的最初版本是由Richard Brodie为了运行DOS的IBM计算机而在1983年编写的。随着办公自动化的发展，Microsoft公司不断地推出了新版本。与低版本的Word相比，Word 2010在界面和功能上有较大的改进。

一、任务目标

本任务将认识Word工作界面中各组成部分的作用，首先启动Word 2010，再练习Word文档的新建、打开、关闭、保存等基本操作，最后退出Word 2010。通过本任务的学习，可以掌握Word 2010的基本操作。

二、相关知识

Word 2010的工作界面主要由快速访问工具栏、标题栏、功能区、标尺、文档编辑区、滚动条、状态栏、视图栏等部分组成，如图7-1所示。下面对Word 2010工作界面的各组成部分进行介绍。

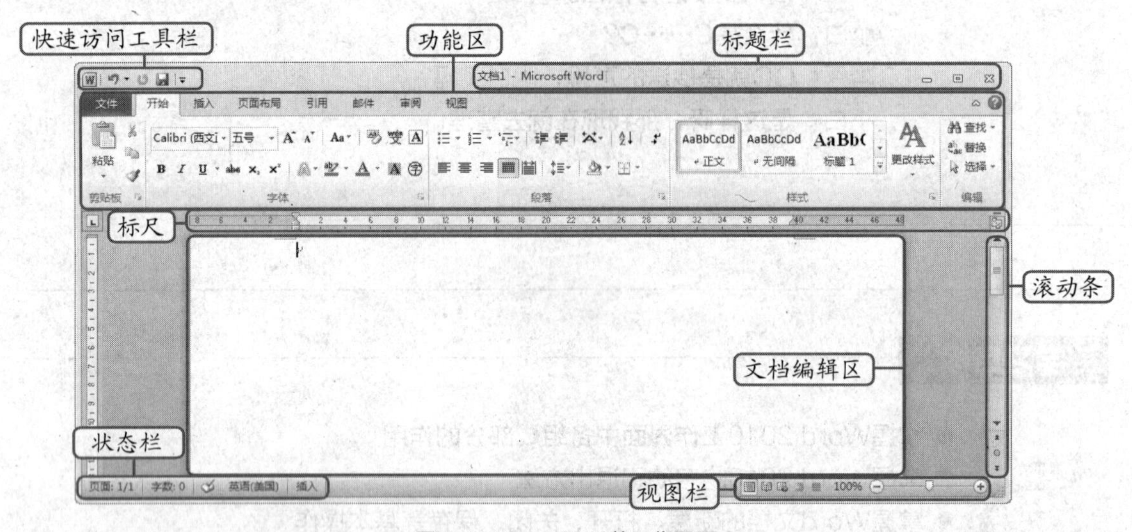

图7-1 Word 2010的工作界面

- **快速访问工具栏**：位于Word操作界面顶部的左侧，单击快速访问工具栏右侧的▾按钮，在弹出的菜单中集成了频繁使用的工具选项。
- **标题栏**：位于Word操作界面顶部的右侧，主要包括程序名、文档名、“最小化”按钮▭、“最大化”按钮▣、“关闭”按钮☒。
- **功能区**：代替了低版本Word中的菜单栏和工具栏。为了便于浏览，功能区中集合了若干个围绕特定功能或对象进行组织的选项卡，每个选项卡中包含了多个不同的组，其中集成了各种不同的命令按钮，有的组的右下角有一个“对话框启动器”按钮⊡，单击它可打开相应的功能扩展对话框。
- **标尺**：分为水平标尺和垂直标尺。单击文档编辑区垂直滚动条上方的“标尺”按钮, 可将默认隐藏的标尺显示出来，再次单击它可重新隐藏标尺。

知识补充

在【视图】/【显示】组中单击选中“标尺”复选框，也可使Word界面显示出标尺；撤销选中该复选框可将标尺隐藏。

- **文档编辑区**：位于操作界面的正中，所有的文本操作都是在该空白区域中完成的。
- **滚动条**：分为水平滚动条和垂直滚动条，分别位于文档编辑区的下方和右侧。当编辑区内的文本内容显示不完整时，拖动滚动条中的滑块或单击滚动条两端的三角形按钮，可左右或上下滚动屏幕，显示出需要的文本内容。
- **状态栏**：位于Word操作界面底部的左侧，其中显示了文档的当前页数、总页数、字数、当前文档检错结果和语言状态等信息。
- **视图栏**：位于状态栏右侧，主要用于切换视图模式、调整文档显示比例。

三、任务实施

（一）启动Word 2010并新建文档

安装好Office 2010后，即可启动Word 2010，并新建一个空白文档。其具体操作如下。（拓展微课：光盘\微课视频\项目七\新建文档.swf）

STEP 1 选择【开始】/【所有程序】/【Microsoft Office】/【Microsoft Word 2010】菜单命令，如图7-2所示，启动Word 2010程序。

STEP 2 选择【文件】/【新建】菜单命令，在中间的“可用模板”栏中选择“空白文档”选项，再单击“创建”按钮，如图7-3所示，或按【Ctrl+N】组合键，即可创建一篇空白文档。

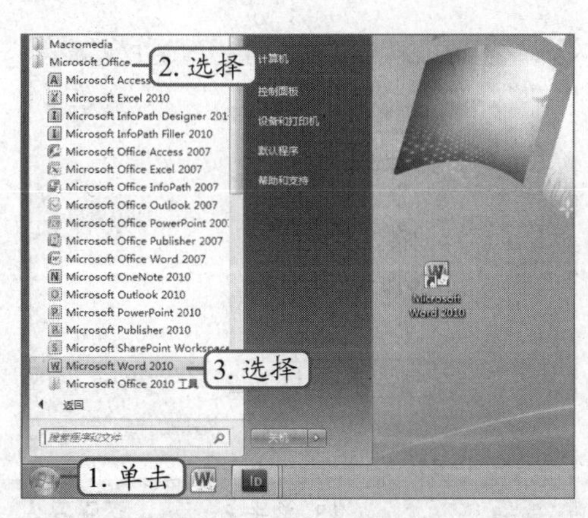

图7-2 启动Word 2010程序

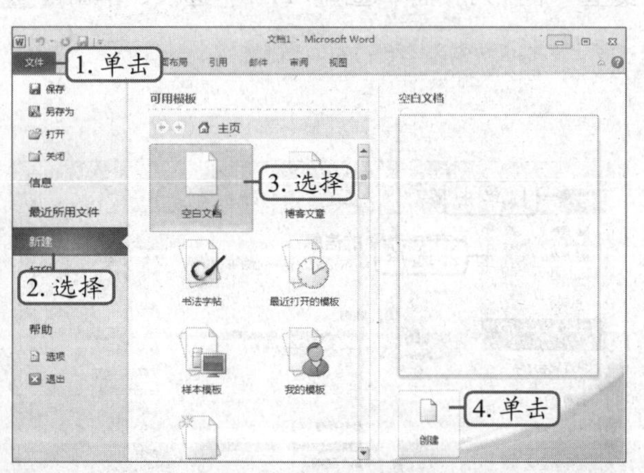

图7-3 新建空白文档

知识补充

启动Word 2010程序还有以下两种方法。

①双击桌面上的Word 2010快捷方式图标。

②单击任务栏中的Word 2010快速启动图标。

（二）保存和另存文档

在Word中新建文档后可将文档保存，对已保存过的文档，在不替换原文档的情况下，可在“另存为”对话框中将其另存为其他名称或格式的文档。下面将当前文档以“信函”为名进行保存，完成后将“信函”文档以PDF格式另存到桌面，其具体操作如下。（拓展微课：光盘\微课视频\项目七\保存、打开、关闭文档.swf）

STEP 1 选择【文件】/【保存】菜单命令，如图7-4所示。

STEP 2 打开“另存为”对话框，在“文件名”下拉列表框中录入文件名“信函”，其他设置保持默认，单击 保存(S) 按钮即可保存文档，如图7-5所示。

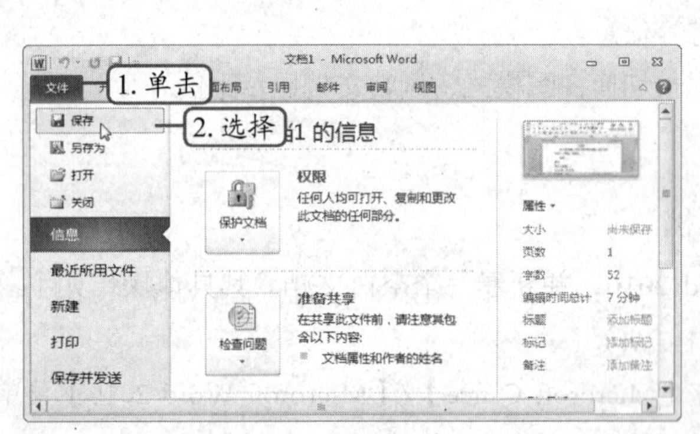

图7-4　选择“保存”命令

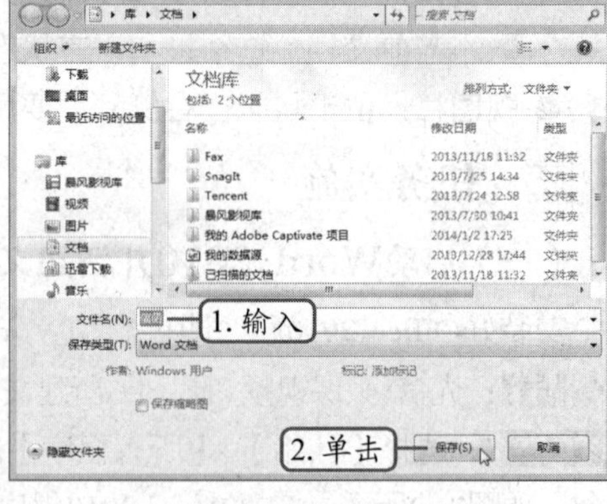

图7-5　保存文档

STEP 3 回到文档工作界面，选择【文件】/【另存为】菜单命令，如图7-6所示。

STEP 4 打开“另存为”对话框，在左侧选择“桌面”选项为保存位置，然后在“保存类型”下拉列表框中选择“PDF”选项，单击 保存(S) 按钮，如图7-7所示。

图7-6　选择“另存为”命令

图7-7　另存文档

（三）打开和关闭文档

对于已保存过的文档，可在Word中重新将其打开，双击已保存过的文档文件或在Word中使用“打开”命令均可打开文档；使用“关闭”命令则可将文档关闭。下面使用“打开”

命令打开桌面上的“信函”文档，查看后再关闭文档。其具体操作如下。

STEP 1 选择【文件】/【打开】菜单命令，如图7-8所示。

STEP 2 打开“打开”对话框，单击地址栏右侧的下拉按钮，在其中选择“桌面”选项，再在中中间的文件列表框中选择“信函”文档，单击打开按钮即可打开所选文档，如图7-9所示。

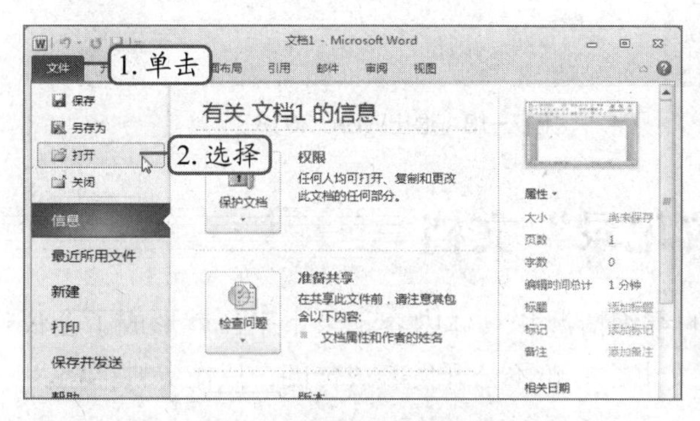

图7-8　选择“打开”命令

图7-9　打开文档

STEP 3 在打开的窗口中查看打开的文档，如图7-10所示。

STEP 4 选择【文件】/【关闭】菜单命令，如图7-11所示，即可将打开的文档关闭。

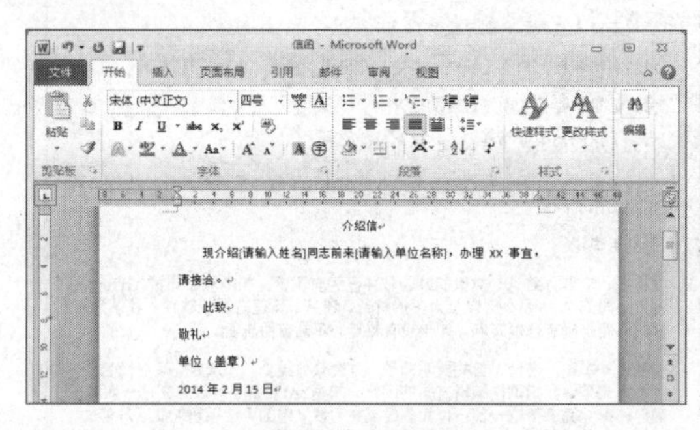

图7-10　查看文档

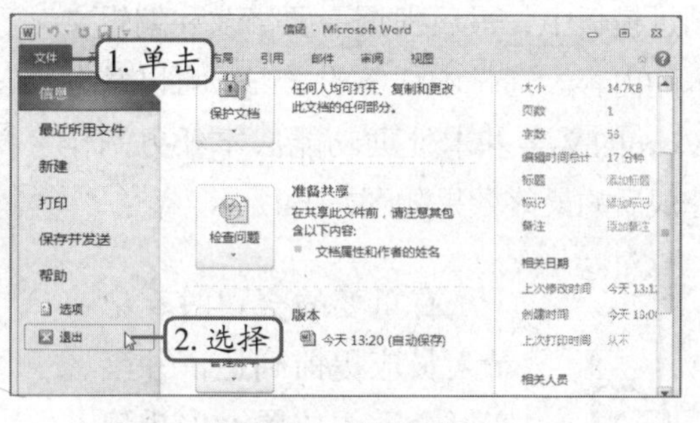

图7-11　关闭文档

（四）退出Word 2010

编辑完文档后，若不需要使用Word 2010，可退出Word 2010。下面先通过桌面上的文档图标打开“信函”文档，查看后再退出Word 2010，其具体操作如下。

STEP 1 双击桌面上的“信函”文档图标，如图7-12所示，打开“信函”文档。

STEP 2 在打开的窗口中即可查看打开的文档，单击“关闭”按钮，如图7-13所示，即可退出Word 2010。

知识补充

退出Word 2010程序还有以下两种方法。

①选择【文件】/【退出】菜单命令。

②在快速访问工具栏中单击按钮，在打开菜单中选择“关闭”命令。

图7-12　双击图标

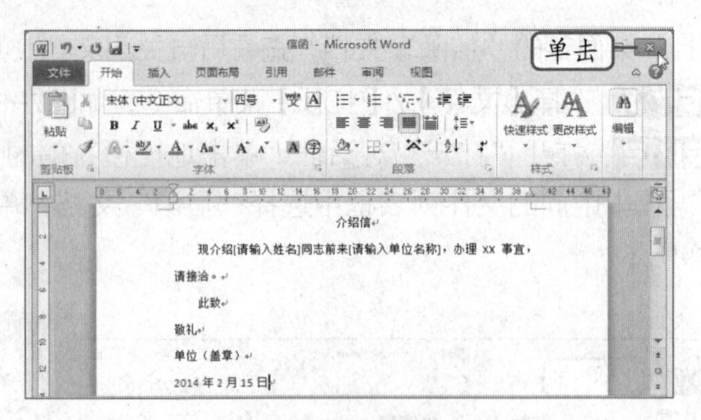

图7-13　退出Word 2013

任务二　录入并编辑“会议记录”文档

在会议过程中，由记录人员把会议的组织情况和具体内容记录下来，就形成了会议记录。会议记录是讨论发言的实录，属事务文书，一般不公开发表或传阅，只作资料存档。

一、任务目标

本任务将练习用Word制作“会议记录”文档，在制作时可以先录入初稿，然后新建会议记录的模板，将录入的内容复制进模板中，最后根据需要修改和编辑文本的内容。通过本任务的学习，可以掌握Word的文字基本处理功能。本任务制作完成后的最终效果如图7-14所示。

职业素养

有重要的会议时，记录人员应提前到达，并落实好合适的位置。安排记录席位时要注意尽可能靠近主持人、发言人及扩音设备，以便于准确清晰地聆听他们的讲话内容。

蓝雨公司项目会议记录

会议时间：2014 年 1 月 4 日 10：00 时

会议地点：蓝雨公司会议室

会议主办单位或部门：技术部、市场部、研究部、编辑部

会议主持人：秋菊（副总经理）

参会人员名单：李刚、斐然、李彬、高珊珊、梦瑶、唐茜、晓宇

会议记录：春花（副总经理助理）

下列人员应邀出席了会议：公司各部门经理

主持人宣读：今天主要讨论一下《办公自动化》软件是否投入开发以及如何开展前期工作的问题。

新业务讨论

1. 发言人：晓宇，言论：类似的办公软件已经有不少，如微软公司的 Office 系列金山公司的 WPS 系列，以及众多的财务、税务、管理方面的软件。我认为首要的问题是确定选题方向，如果没有特点，不能盲目研发。
2. 发言人：李彬，言论：首先要明确是，办公软件虽多，但从专业角度而言，大都不很规范。我指的是编辑方面的问题。如 Word 中对于行政公文这一块就干脆忽略掉，而书信这一部份也大多是英文习惯，中国人使用起来很不方便。WPS 是中国人开发的软件，在技术上很有特点，但中国应用文方面的编辑十分简陋，离专业水准很远。我认为我们定位在这一方面是很有市场的。
3. 发言人：唐茜，言论：这是在众多竞争中间寻求突破，我认为还是存在希望的首先要攻克的问题就是软件必须小巧，并且速度极快。其次考虑到兼容问题。

会议总结：各部门都同意立项，初步的技术方案将在十天内完成，资料部预计需要三个月完成资料编辑工作，系统集成约需要二十天，该软件预定于元旦投放市场。

图7-14　“会议记录”文档

二、相关知识

会议记录的“记”有详和略之分。略是指记会议上的重要或主要言论。详则要求记录的项目必须完整，记录的言论必须详细清晰。下面具体介绍记录时的几点基本要求。

- **真实性**：写明会议全称、开会时间、地点、会议性质。如实地记录别人的发言，不论是详略，都必须忠实原意，不得添加记录者的观点和主张，不得断章取义。
- **周密性**：记下会议主持人、出席会议应到和实到人数，缺席、迟到、早退人数以及

其姓名、职务，记录者姓名。如果是群众性大会，只要记参加的对象和总人数，以及出席会议的较重要的领导成员即可。如果某些重要的会议，出席对象来自不同单位，应设置签名簿，请出席者签署姓名、单位、职务等。

- **严谨性**：注意记录会议上的发言和有关动态。会议发言的内容是记录的重点，其他会议动态，如发言中插话、笑声、掌声，临时中断以及别的重要的会场情况等，也应予以适当记录，但记录的详细与简略，要根据情况决定，不必“有闻必录”。某些特别重要的会议或特别重要人物的发言，需要记下全部内容。
- **完整性**：从会议开始到会议结束记录人都要认真负责地记录，不能漏掉任何要素。

职业素养

会议记录要求忠于事实，不能夹杂记录者的任何个人情感，更不允许有意增删发言内容。会议记录一般不宜公开发表，如需发表，应征得发言者的审阅同意。

三、任务实施

（一）录入文档内容

在Word 2010的文本编辑区中录入普通文本、数字、符号等。录入文本时可以直接在空白文档的光标插入点处开始，也可以运用即点即输功能录入带有居中、首行缩进、右对齐等格式的文字。下面在“文档1”文档中录入会议记录（素材参见：素材文件\项目七\任务一\会议记录.txt），其具体操作如下。（拓展微课：光盘\微课视频\项目七\录入文本.swf）

STEP 1 在当前空白文档中将鼠标指针移至文档上方的中间位置处，当鼠标指针变成I形状时双击鼠标左键，将光标插入点定位到此处。

STEP 2 为了使标题突出，在【开始】/【字体】组的“字号”下拉列表框中选择“一号”选项，如图7-15所示。

STEP 3 按【Ctrl+Shift】组合键切换到中文输入法，录入标题“蓝雨公司项目会议记录”文本，如图7-16所示。

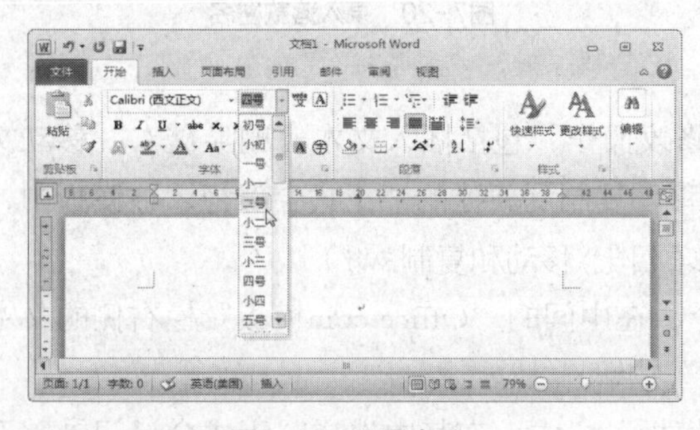

图7-15 设置字号

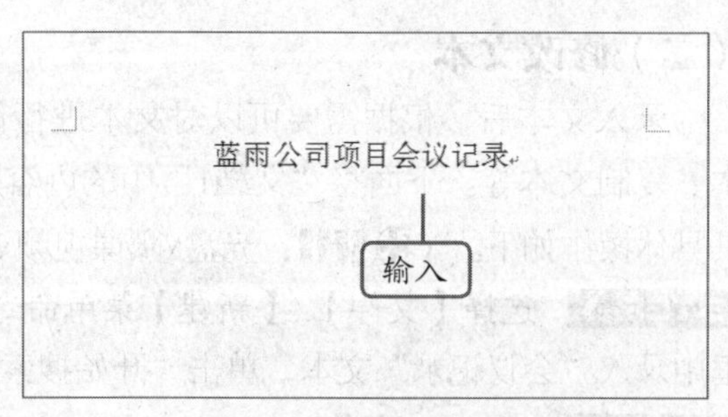

图7-16 录入标题

STEP 4 将鼠标指针移至文档标题下方左侧需要录入文本的位置处，此时鼠标指针变成I形状，如图7-17所示，双击鼠标左键，将光标插入点定位到此处。

STEP 5 录入会议时间文本，按【Enter】键换行，然后依次录入会议地点、主持人、出席人、列席人、记录人等文本，效果如图7-18所示。

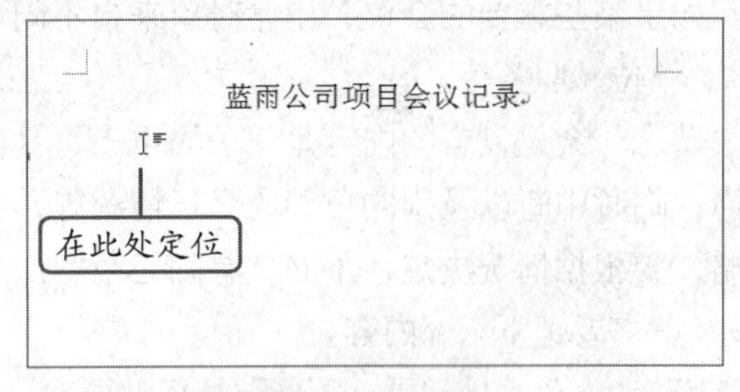

图7-17 定位光标插入点

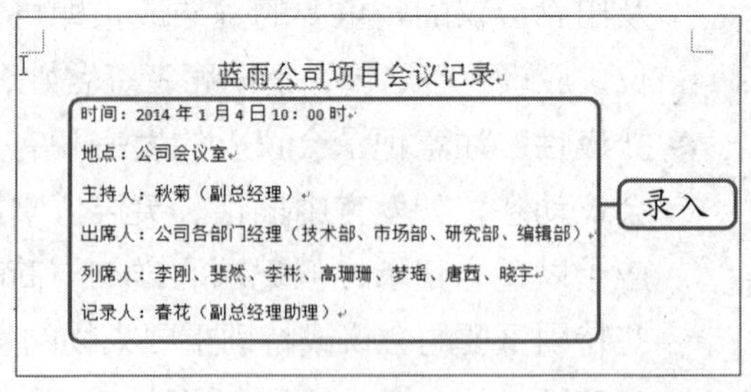

图7-18 录入会议纪要开头部分

制作文档时也可以先输入文本，完成后再设置其字体和段落格式。本例运用了即点即输功能，并在输入前设置了字号，这样可以满足创建如通知、纪要、启事这类简单的行政公文的需要，不用再单独修改格式。

STEP 6 按【Enter】键换行，录入会议记录的正文内容，并在步骤前录入数字编号，如图7-19所示。

STEP 7 继续录入会议纪要正文剩下的内容，完成后将鼠标指针移至文档正文最后面的右侧空白位置，此时鼠标指针变成≡I形状后双击鼠标，将光标插入点定位到此处，录入落款署名，如图7-20所示，完成录入。

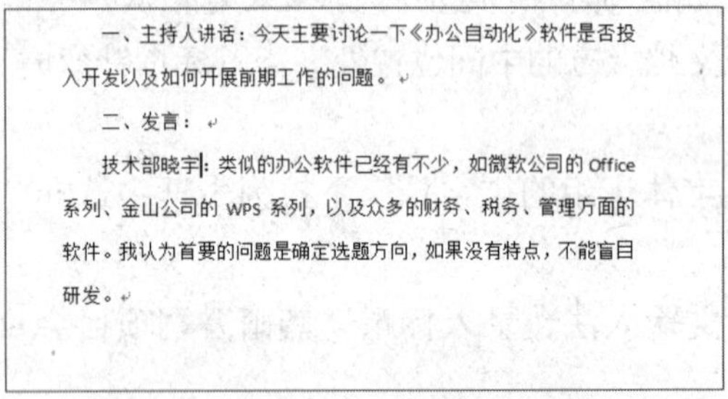

一、主持人讲话：今天主要讨论一下《办公自动化》软件是否投入开发以及如何开展前期工作的问题。

二、发言：

技术部晓宇：类似的办公软件已经有不少，如微软公司的 Office 系列、金山公司的 WPS 系列，以及众多的财务、税务、管理方面的软件。我认为首要的问题是确定选题方向，如果没有特点，不能盲目研发。

图7-19 录入数字和内容

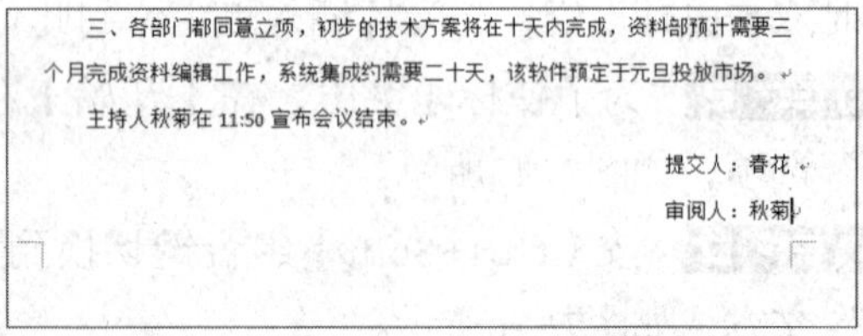

三、各部门都同意立项，初步的技术方案将在十天内完成，资料部预计需要三个月完成资料编辑工作，系统集成约需要二十天，该软件预定于元旦投放市场。

主持人秋菊在 11:50 宣布会议结束。

提交人：春花

审阅人：秋菊

图7-20 录入落款署名

（二）修改文本

录入文本后，根据需要可以对文本进行修改操作，包括插入文本、删除文本、移动文本、复制文本等。下面将“文档1”中的内容移动复制到新建的“正式会议记录”模板中，其具体操作如下。（拓展微课：光盘\微课视频\项目七\移动和复制.swf）

STEP 1 选择【文件】/【新建】菜单命令，在中间的“Office.com模板”栏右侧的文本框中录入“会议记录”文本，单击“开始搜索”按钮。

STEP 2 搜索结果会显示在“Office.com模板”栏中，在其中选择“正式会议记录”选项，单击“下载”按钮，如图7-21所示。

STEP 3 打开一个名为“文档2”的新窗口，在其中即可查看新建的模板文档的内容，如图7-22所示。

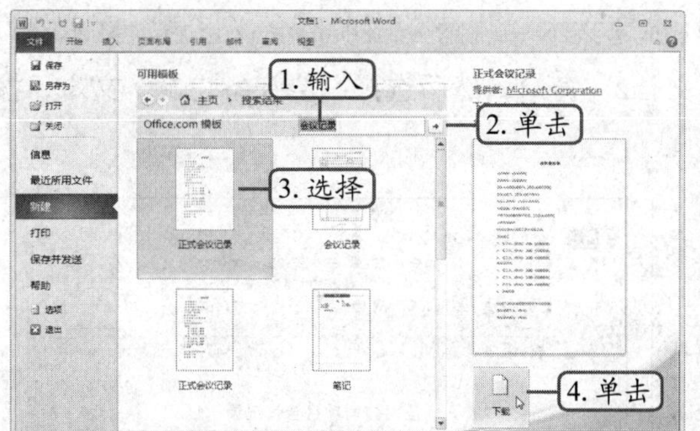

图7-21 下载模板

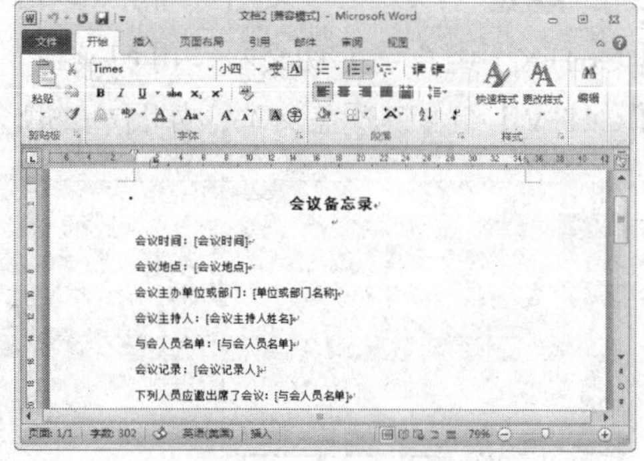

图7-22 打开模板文档

STEP 4 选择“会议时间：”右侧“[会议时间]”文本，按【Delete】键将其删除，如图7-23所示。

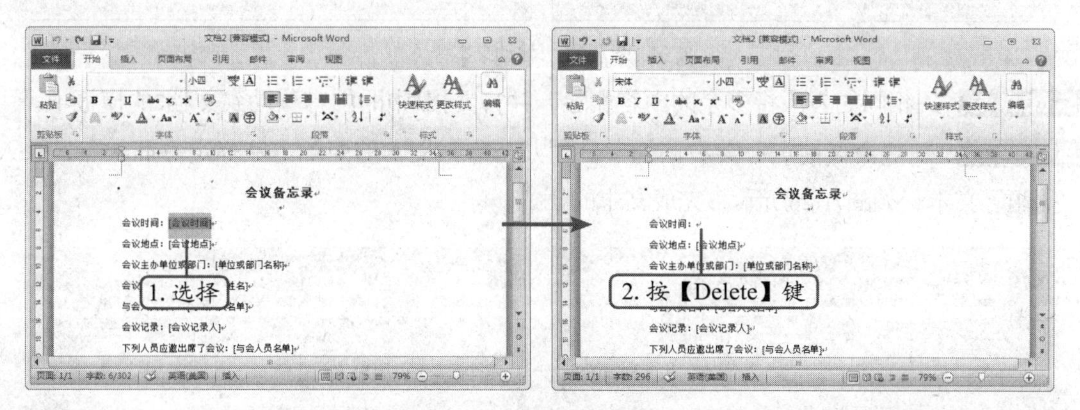

图7-23 选择并删除文本

STEP 5 在【视图】/【窗口】组中单击“切换窗口”按钮，在弹出的下拉列表中选择“文档1”选项，切换到“文档1”窗口。

STEP 6 选择“时间：”右侧的“2014年1月4日10：00时”文本，按【Ctrl+C】组合键复制文本，然后再按步骤5中的方法，切换到“文档2”窗口，在“会议时间：”右侧单击鼠标定位插入点，按【Ctrl+V】组合键粘贴文本，如图7-24所示。

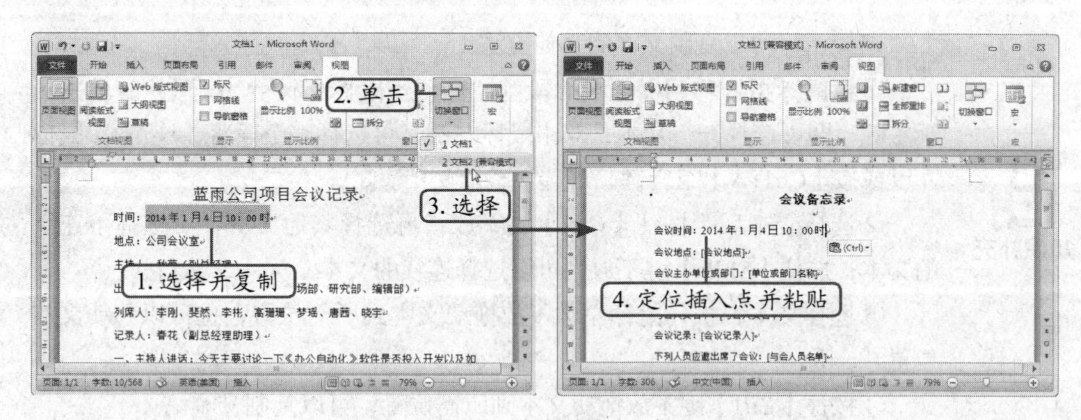

图7-24 复制并粘贴文本

STEP 7 切换到“文档1”窗口，选择标题文本“蓝雨公司项目会议记录”文本，按【Ctrl+X】组合键剪切文本，再切换到“文档2”窗口，然后选择“会议备忘录”文本，按【Ctrl+V】组合键覆盖文本，如图7-25所示。

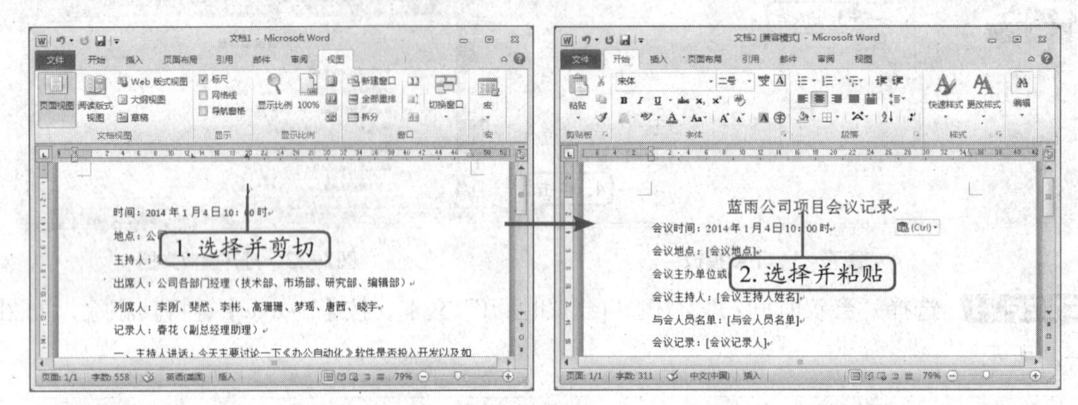

图7-25 移动文本

STEP 8 用相同的方法将多余的内容删除，并将文档1中的内容移动到文档2的模板中。

STEP 9 在“会议地点：”右侧的“公司办公室”文本前面单击鼠标定位插入点，录入“蓝雨”文本，如图7-26所示，完成文本的插入。

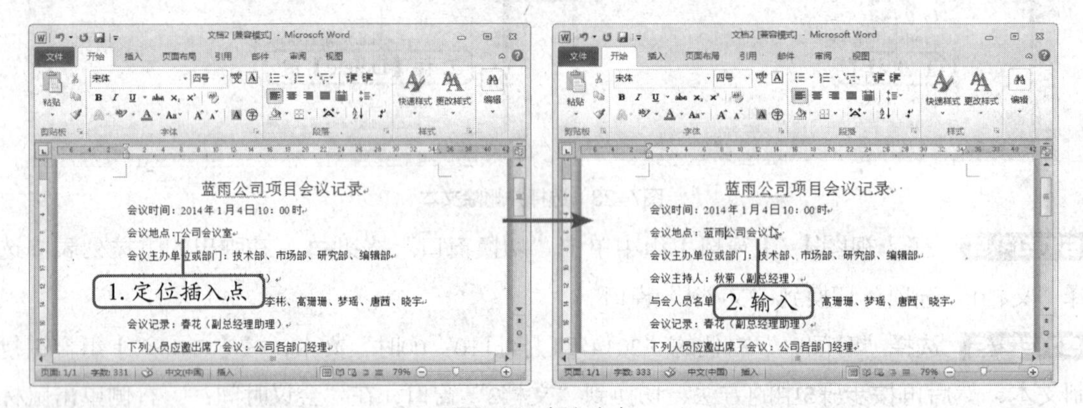

图7-26 插入文本

选择、移动、复制文本的其他方法。

①将鼠标指针移到需选择的段落左侧，当鼠标指针变为形状时单击鼠标左键，即可选择一行文本；双击鼠标左键，可选择整个段落；连击3次鼠标左键或按【Ctrl+A】组合键，可选择整篇文档。

②选择文本后，按住【Ctrl】键不放，再选择其他文本，可选择不连续的文本；按住【Shlft】键不放则可以选择连续的文本

③选择文本，按住鼠标左键不放拖动文本到所需位置，也可以移动文本位置。

④按住【Ctrl】键不放拖动文本到所需位置，可以复制文本。

（三）查找和替换文本

查找功能用于在文档中快速查找到目标文本，替换功能可将文档中指定的文本统一替换为其他文本。下面在“文档2”文档中查找“议题”文本，然后通过替换功能将其全部替换为“言论”文本，其具体操作如下。（拓展微课：光盘\微课视频\项目七\查找并替换.swf）

STEP 1 在【开始】/【编辑】组中单击 查找 按钮或按【Ctrl+F】组合键，打开“导航”窗口，在文本框中录入“议题”文本，然后单击“查找”按钮，如图7–27所示。

STEP 2 Word将从文档的起始位置开始查找所需的文本内容，查找到的“议题”文本将分别在“导航”窗口和文档中显示。导航窗口中以段落界限，用字体加粗显示；文档中默认以黄底黑字显示，如图7–28所示。

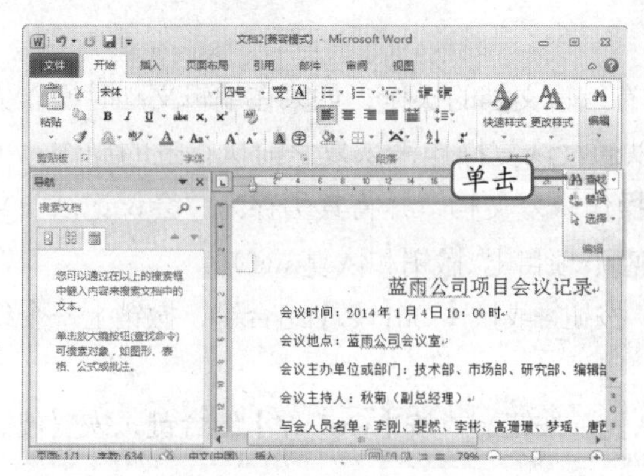

图7–27 单击“查找”按钮

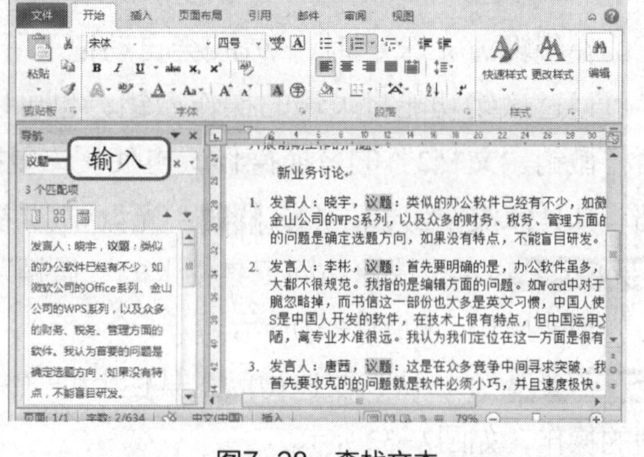

图7–28 查找文本

STEP 3 在【开始】/【编辑】组中单击 替换 按钮或按【Ctrl+H】组合键，打开“查找和替换”对话框，如图7–29所示。

STEP 4 在“替换为”文本框中录入需替换的文本“言论”，单击 全部替换(A) 按钮，如图7–30所示，在打开的提示框中单击 确定 按钮，完成替换。

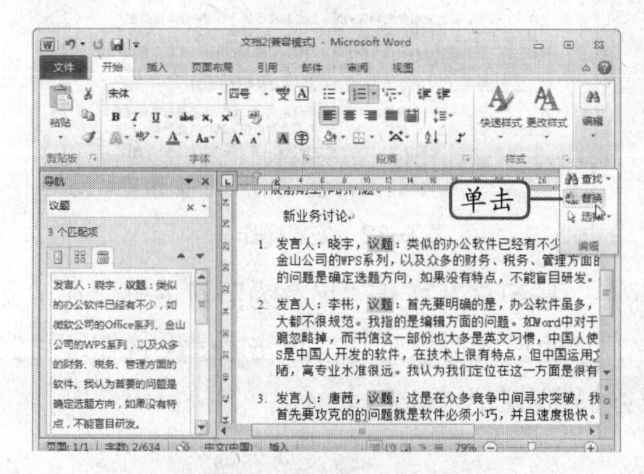

图7–29 单击“替换”按钮

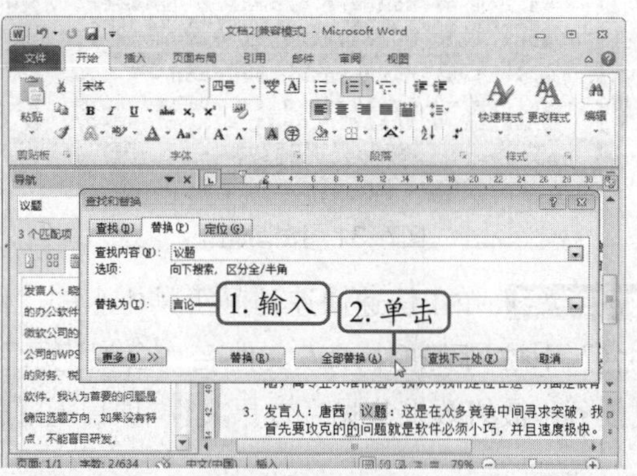

图7–30 替换文本

查找与替换时的相关操作。

①单击查找按钮右侧的下拉按钮，在弹出的下拉列表中选择“高级查找”选项，可以打开“查找与替换”对话框进行查找操作。

②在替换文本时，如果不需要全部替换，可以在输入替换文本后，单击查找下一处(F)按钮，Word将从文档的起始位置开始查找所需的文本内容，如果是需要替换的内容，就单击替换(R)按钮，否则单击查找下一处(F)按钮。

③单击更多(M) >>按钮，可以展开更多的查找与替换选项进行设置，如区分全角/半角等。

（四）撤销和恢复操作

在编辑Word文档时，Word会自动记录所有编辑文档的操作，如果在编辑文档时操作失误可通过撤销功能将失误的操作撤销；也可以通过恢复操作来恢复之前执行过的操作。下面将撤销“文档2”的替换操作，再使用恢复操作恢复文档，并将其另存为“会议记录”文档。其具体操作如下。（拓展微课：光盘\微课视频\项目七\撤销和恢复.swf）

STEP 1 单击快速访问工具栏上的“撤销”按钮或按【Ctrl+Z】组合键，撤销上一个练习的替换操作，如图7-31所示。

STEP 2 单击快速快速访问工具栏上的“恢复”按钮或按【Ctrl+Y】组合键，恢复被撤销的操作，如图7-32所示。

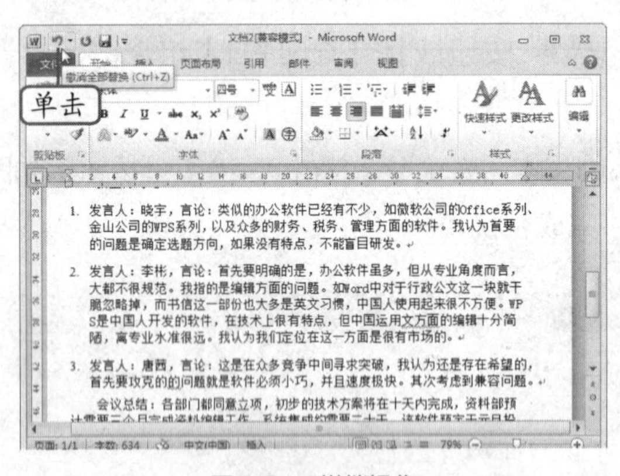

图7-31　撤销操作

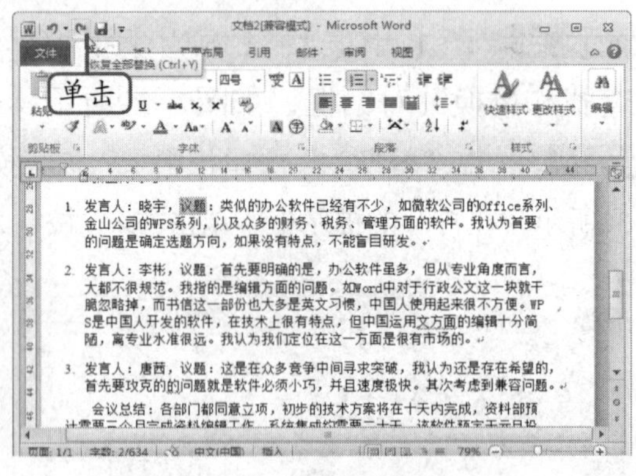

图7-32　恢复操作

STEP 3 单击快速快速访问工具栏上的“保存”按钮，打开“另存为”对话框。在“文件名”下拉列表框中录入文件名“会议记录”，其他设置保持默认。单击保存(S)按钮即可完成任务（最终效果参见：效果文件\项目七\任务一\会议记录.docx）。

单击“撤销”按钮右侧的下拉按钮，在弹出的下拉列表中选择需要撤销的某步操作，可撤销最近执行过的多次操作。

任务三 设置“招聘启事”文档

招聘启事是用人单位面向社会公开招聘有关人员时使用的一种应用文书。招聘启事撰写的质量，将直接影响到招聘的效果和招聘单位的形象。在Word中制作招聘启事时，可以通过设置字符和段落格式，使其更具阅读性。

一、任务目标

本任务将练习用Word制作“招聘启事”文档，制作时先录入招聘启事文本，然后对其文档的字体格式和段落格式进行设置。通过本任务的学习，可以掌握字体格式的设置、段落对齐方式的设置、段落缩进的设置、段落编号的设置。本任务制作完成后的最终效果如图7-33所示。

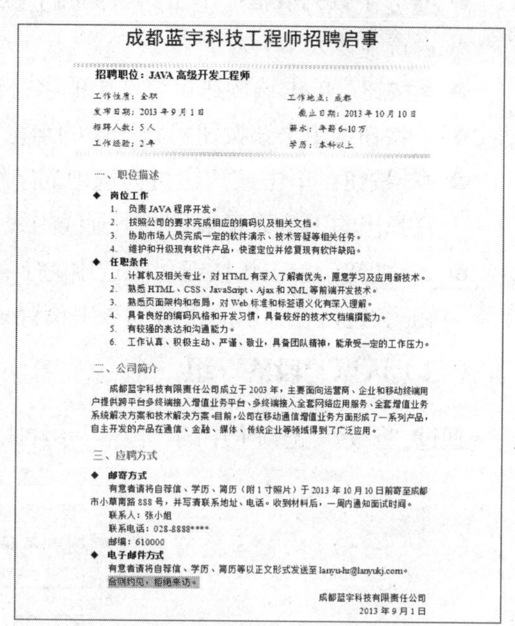

成都蓝宇科技工程师招聘启事

招聘职位：JAVA 高级开发工程师

工作性质：全职　　工作地点：成都
发布日期：2013 年 9 月 1 日　　截止日期：2013 年 10 月 10 日
招聘人数：5 人　　薪水：年薪 6~10 万
工作经验：2 年　　学历：本科以上

一、职位描述

◆ **岗位工作**
1. 负责 JAVA 程序开发。
2. 按照公司的要求完成相应的编码以及相关文档。
3. 协助市场人员完成一定的软件演示、技术答疑等相关任务。
4. 维护和升级现有软件产品，快速定位并修复现有软件缺陷。

◆ **任职条件**
1. 计算机及相关专业，对 HTML 有深入了解者优先，愿意学习及应用新技术。
2. 熟悉 HTML、CSS、JavaScript、Ajax 和 XML 等前端开发技术。
3. 熟悉页面架构和布局，对 Web 标准和标签语义化有深入理解。
4. 具备良好的编码风格和开发习惯，具备较好的技术文档编撰能力。
5. 有较强的表达和沟通能力。
6. 工作认真、积极主动、严谨、敬业，具备团队精神，能承受一定的工作压力。

二、公司简介

成都蓝宇科技有限责任公司成立于 2003 年，主要面向运营商、企业和移动终端用户提供跨平台多终端接入增值业务平台、多终端接入全套网络应用服务、全套增值业务系统解决方案和技术解决方案。目前，公司在移动通信增值业务方面形成了一系列产品，自主开发的产品在通信、金融、媒体、传统企业等领域得到了广泛应用。

三、应聘方式

◆ **邮寄方式**
有意者请将自荐信、学历、简历（附 1 寸照片）于 2013 年 10 月 10 日前寄至成都市小草南路 888 号，并写清联系地址、电话。收到材料后，一周内通知面试时间。
联系人：张小姐
联系电话：028-8888****
邮编：610000

◆ **电子邮件方式**
有意者请将自荐信、学历、简历等以正文形式发送至 lanyu-hr@lanyukj.com。
翁则约见，拒绝来访。

成都蓝宇科技有限责任公司
2013 年 9 月 1 日

图7-33 “招聘启事”文档最终效果

从事与录入相关的工作时，撰写各种文稿是自身应具备的基本素质要求，并不断提高撰写文稿的质量，主要包括以下几点。

①要准确把握领导意图，注重领导讲话时的构思与方式，使文稿与领导语言相切合。

②要合理运用公司政策、业务制度、法律、计算机写作等知识，使文稿达到切实可行，实事求是的目的。

③文稿内容要字斟句酌，结构严谨，语言精练，用词准确。

④要广泛获取写作资料和写作素材，多方面采集信息并加以借鉴，切忌蒙混过关，草草了事。

二、相关知识

（一）认识“字体”组

通过“开始”选项卡中的“字体”组可以快速设置常用字符格式，如图 7-34 所示。

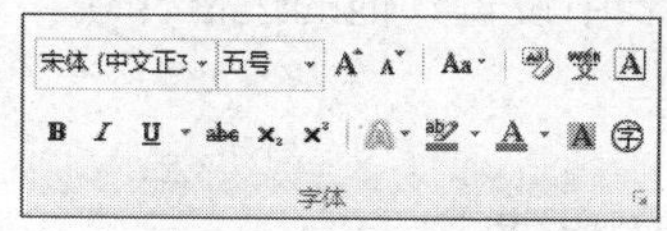

图7-34 “字体”组

“字体”组的主要字符格式按钮或下拉列表框的作用介绍如下。

● 宋体 下拉列表框：单击其右侧的下拉按钮，在弹出的下拉列表中可为选中的字符设置字体样式。

- 五号 下拉列表框：单击其右侧的下拉按钮，在弹出的下拉列表中可以为选中的字符设置字体大小。
- B 按钮：单击该按钮可将选中的字符设置为加粗字形。
- I 按钮：单击该按钮可将选中的字符设置为倾斜字形。
- U 按钮：单击该按钮可为选中的字符添加下画线，单击其右侧的下拉按钮，还可在弹出的下拉列表中设置下画线的线型及颜色。
- A 按钮：单击该按钮可将选中的字符设置为系统默认的颜色。单击其右侧的下拉按钮，还可在弹出的下拉列表中设置其他字符颜色。

（二）认识“段落”组

通过“开始”选项卡中的“段落”组可以快速设置常用段落格式，如图 7-35 所示。

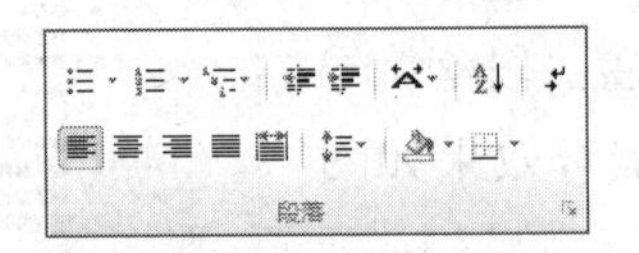

图7-35 “段落”组

“段落”组中的主要段落格式按钮的作用介绍如下。

- 按钮：单击该按钮可在选中的段落前添加系统默认的项目符号，单击其右侧的下拉按钮，还可在弹出的下拉列表中设置其他项目符号样式。
- 按钮：单击该按钮可在选中的段落前添加系统默认的编号列表，单击其右侧的下拉按钮，还可在弹出的下拉列表中设置其他项目编号格式。
- 按钮和按钮：单击前者可减少选中的段落的缩进量；单击后者可增加选中的段落的缩进量。
- 按钮和按钮：单击前者可使选中的段落靠左对齐；单击后者可使选中的段落靠右对齐。
- 按钮和按钮：单击前者可使选中的段落居中对齐；单击后者可使选中的段落两端对齐，即除该段最后一行文本外，所有行的文本将均匀分布在左右边距之间。
- 按钮：单击该按钮，在弹出的下拉列表中可设置选中段落的行间距。
- 按钮：单击该按钮或该按钮右侧的下拉按钮，可为选中的段落添加底纹。
- 按钮：单击该按钮可为选中的字符设置系统默认的边框，单击其右侧的下拉按钮，还可在弹出的下拉列表中设置其他的边框样式。

三、任务实施

（一）录入文档并设置字体格式

对于一篇录入完成后的文档，其首要工作是设置字体格式，以达到结构清晰和赏心悦目的目的。下面打开“招聘启事”素材文档，在其中通过设置字体格式，使文档更加美观与醒

目。其具体操作如下。（拓展微课：光盘\微课视频\项目七\设置字体格式.swf）

STEP 1 打开“招聘启事.docx”素材文档，如图7-36所示（素材参见：素材\项目4\任务二\招聘启事.docx）。

STEP 2 选择文档的标题文本，在【开始】/【字体】组中单击“字体”下拉列表框，选择“黑体”选项，如图7-37所示。

成都蓝宇科技工程师招聘启事
招聘职位：JAVA 高级开发工程师
工作性质：全职　　　　工作地点：成都
发布日期：2013 年 9 月 1 日　　　　截止日期：2013 年 10 月 10 日
招聘人数：5 人　　　　薪水：年薪 6~10 万
工作经验：2 年　　　　学历：本科以上
一、职位描述
岗位工作
负责 JAVA 程序开发。
按照公司的要求完成相应的编码以及相关文档。
协助市场人员完成一定的软件演示、技术答疑等相关任务。
维护和升级现有软件产品，快速定位并修复现有软件缺陷。
任职条件
计算机及相关专业，对 HTML 有深入了解者优先，愿意学习及应用新技术。
熟悉 HTML、CSS、JavaScript、Ajax 和 XML 等前端开发技术。
熟悉页面架构和布局，对 Web 标准和标签语义化有深入理解。
具备良好的编码风格和开发习惯，具备较好的技术文档编撰能力。
有较强的表达和沟通能力。
工作认真、积极主动、严谨、敬业，具备团队精神，能承受一定的工作压力。
二、公司简介
成都蓝宇科技有限责任公司成立于 2003 年，主要面向运营商、企业和移动终端用户提供跨平台多终端接入增值业务平台、多终端接入全套网络应用服务、全套增值业务系统解决方案和技术解决方案。目前，公司在移动通信增值业务方面形成了一系列产品，自主开发的产品在通信、金融、媒体、传统企业等领域得到了广泛应用。
三、应聘方式
邮寄方式
有意者请将自荐信、学历、简历（附 1 寸照片）于 2013 年 10 月 10 日前寄至成都市小草南路 888 号，并写清联系地址、电话。收到材料后，一周内通知面试时间。
联系人：张小姐
联系电话：028-8888****
邮编：610000
电子邮件方式
有意者请将自荐信、学历、简历等以正文形式发送至 lanyu-hr@lanyukj.com。
合则约见，拒绝来访。
成都蓝宇科技有限责任公司
2013 年 9 月 1 日

图7-36　打开“招聘启事”素材文档

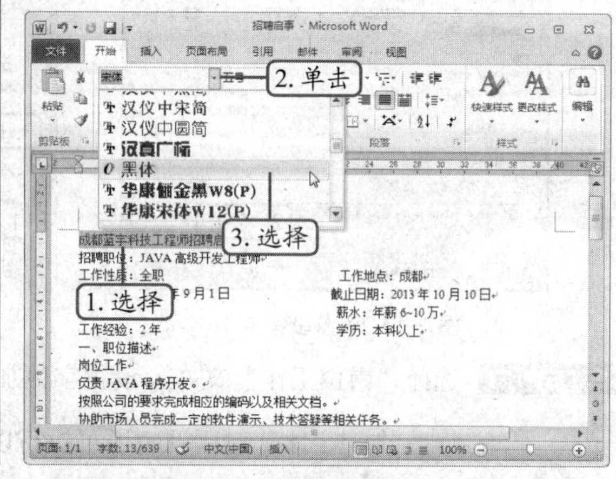

图7-37　设置标题字体

STEP 3 保持文本的选择状态，在【开始】/【字体】组的“字号”下拉列表框中选择“二号”选项，如图7-38所示。

STEP 4 设置完标题的字号大小后，选择其下方的“招聘职位”整行文本，在【开始】/【字体】组的“字号”下拉列表框中选择“小四”选项，然后单击“加粗”按钮 B 加粗文本，效果如图7-39所示。

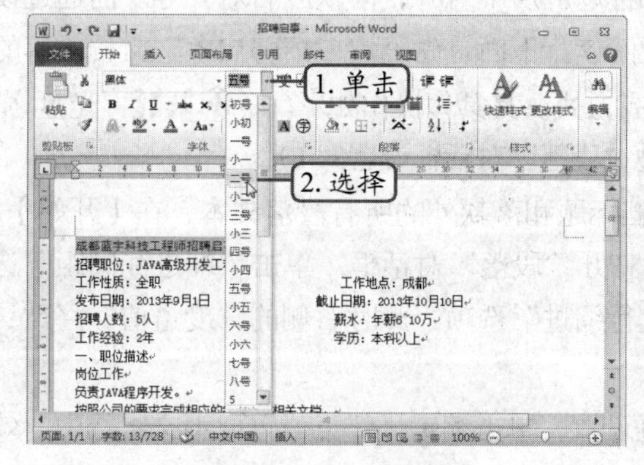

图7-38　设置标题字号

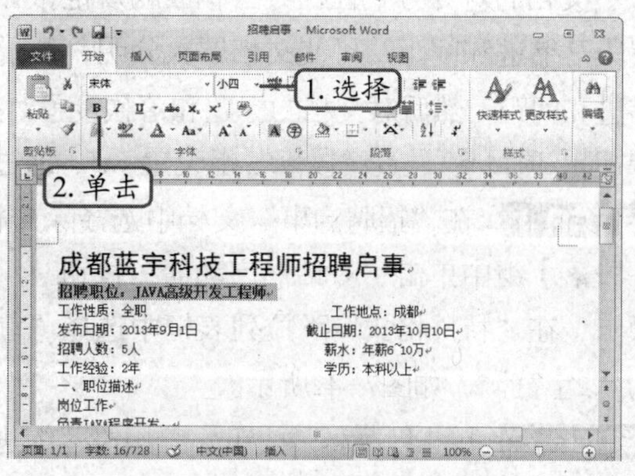

图7-39　设置文本字号并加粗

STEP 5 选择从“工作性质”到“工作经验”几个段落文本，在【开始】/【字体】组中单击“对话框启动器”按钮，打开“字体”对话框。单击“字体”选项卡，在“中文字体”下拉列表框中选择“楷体”选项，在“西文字体”下拉列表框中选择“Times New Roman”选项，单击 确定 按钮应用字体设置，如图7-40所示。

STEP 6 选择“一、职位描述”文本，设置字号为“小四、加粗”，然后单击“字体颜色”按钮右侧的下拉按钮，在弹出的下拉列表的“标准色”栏中选择红色，如图7-41所示。

图7-40　设置段落字号

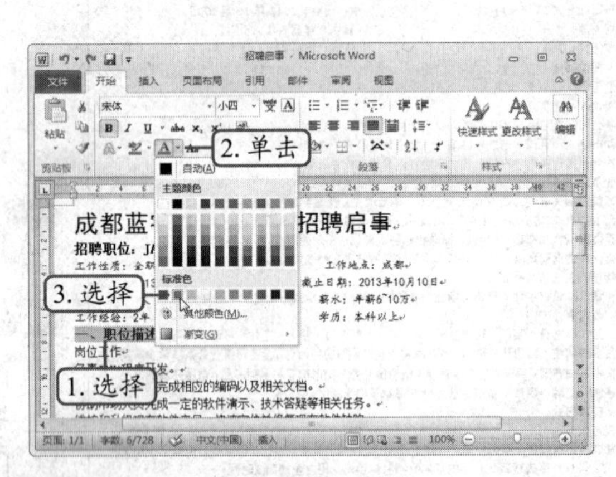

图7-41　设置文本颜色

STEP 7 选择“岗位工作”文本，设置字体加粗。

知识补充

在“字体”对话框中还可执行以下设置。

①在“字体”对话框中单击“字体”选项卡，在“效果”栏中可以单击选中相应的复选框，为文本添加删除线和上标等效果。

②单击“字符间距”选项卡，设置加宽或紧缩字符间距，并可设置将字符提升或下降相应的位置，制作成上标或下标效果。

（二）设置段落缩进、间距、对齐方式

文档的对齐方式往往具有相应的规范，如标题应居中对齐，落款应右对齐等。而通过设置段落缩进和间距，可使文档层次分明，便于阅读。下面首先设置“招聘启事”文档段落的缩进和间距，然后对文档的标题和落款设置对齐方式。其具体操作如下。（拓展微课：光盘\微课视频\项目七\通过“段落”组设置.swf、通过“段落”对话框设置.swf）

STEP 1 在“招聘启事”文档中选择除文档标题和落款外的所有段落文本，在【开始】/【段落】组中单击“对话框启动器”按钮，打开“段落”对话框。单击“缩进和间距”选项卡，在“特殊格式”下拉列表框中选择“首行缩进”选项，此时右侧的“度量值”将默认为“2字符”，如图7-42所示。

STEP 2 单击 确定 按钮，应用段落缩进设置，单击编辑区任意位置取消文本选中，效果如图7-43所示。

在“特殊格式”下拉列表框中还可以选择“悬挂缩进”选项，即设置段落文本第2行及后面文字的缩进量。段落缩进量的单位也可以是厘米，2字符相当于0.75厘米。

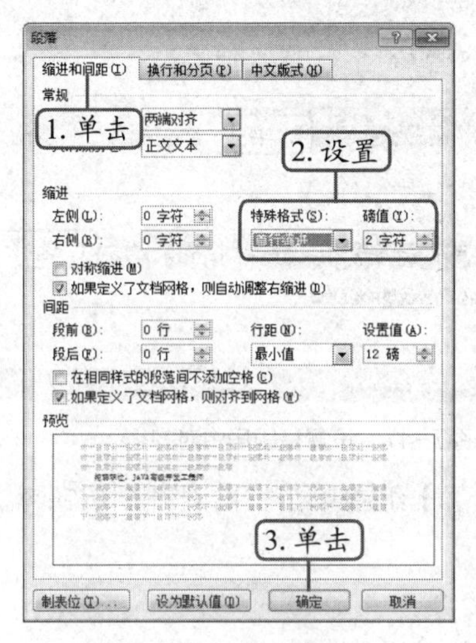

图7-42 设置首行缩进

成都蓝宇科技工程师招聘启事

招聘职位：JAVA高级开发工程师

工作性质：全职　　工作地点：成都

发布日期：2013年9月1日　　截止日期：2013年10月10日

招聘人数：5人　　薪水：年薪6~10万

工作经验：2年　　学历：本科以上

一、职位描述

岗位工作

负责JAVA程序开发。

按照公司的要求完成相应的编码以及相关文档。

协助市场人员完成一定的软件演示、技术答疑等相关任务。

维护和升级现有软件产品，快速定位并修复现有软件缺陷。

任职条件

计算机及相关专业，对HTML有深入了解者优先，愿意学习及应用新技术。

熟悉HTML、CSS、JavaScript、Ajax和XML等前端开发技术。

熟悉页面架构和布局，对Web标准和标签语义化有深入理解。

具备良好的编码风格和开发习惯，具备较好的技术文档编撰能力。

有较强的表达和沟通能力。

工作认真、积极主动、严谨、敬业，具备团队精神，能承受一定的工作压力。

二、公司简介

成都蓝宇科技有限责任公司成立于2003年，主要面向运营商、企业和移动终端用户提供跨平台多终端接入增值业务平台、多终端接入全套网络应用服务、全套增值业务系统解决方案和技术解决方案。目前，公司在移动通信增值业务方面形成了一系列产品，自主开发的产品在通信、金融、媒体、传统企业等领域得到了广泛应用。

图7-43 设置首行缩进后的效果

STEP 3 选择“招聘职位”段落文本，在【开始】/【段落】组中单击“对话框启动器”按钮，打开“段落”对话框。单击“缩进和间距”选项卡，在“间距”栏的“段前”和“段后”数值框中分别录入“1行”和“0.5行”，单击 确定 按钮，如图7-44所示。

STEP 4 选择“岗位工作”下面的几个段落文本，拖曳水平标尺上的“首行缩进”滑块使其虚线对齐到“岗位”两字右侧，然后释放鼠标，如图7-45所示。

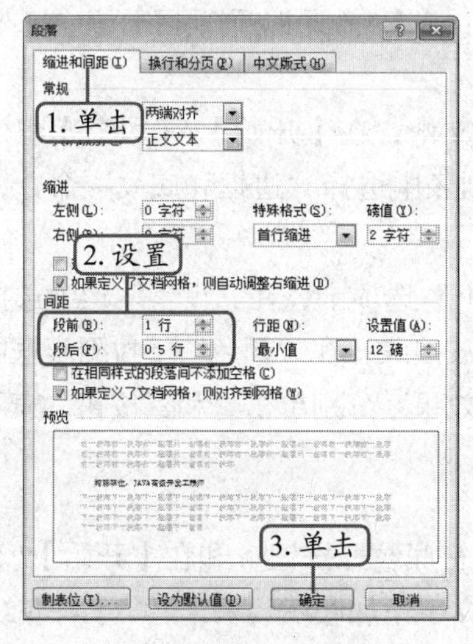

图7-44 设置段落间距

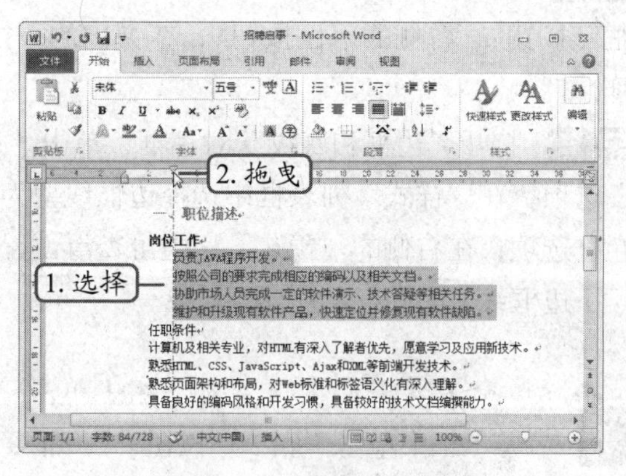

图7-45 设置首行缩进

STEP 5 在【开始】/【段落】组中单击“行和段落间距”按钮，在弹出的下拉列表中选择“1.15”选项，如图7-46所示。

STEP 6 选择标题段落文本，在【开始】/【段落】组中单击“居中”按钮，将标题设置为居中对齐，如图7-47所示。

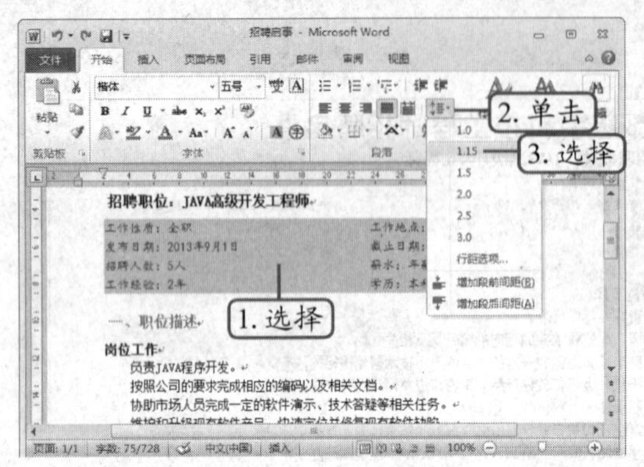

图7-46 设置行距

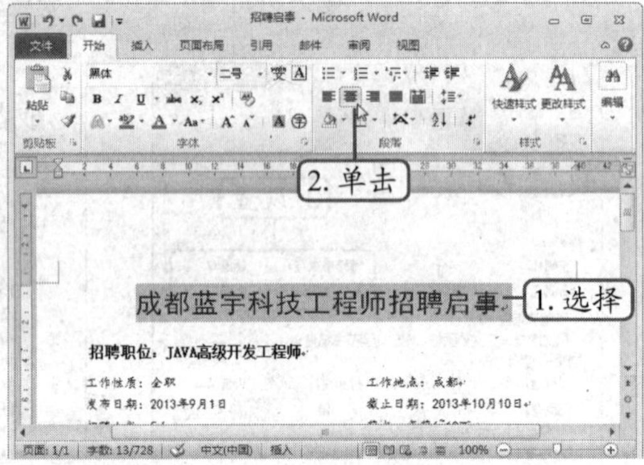

图7-47 设置标题居中对齐

STEP 7 选择两个落款段落文本，在【开始】/【段落】组中单击“右对齐”按钮，将落款设置为右对齐。

操作提示

要加大行距，可在“行距”下拉列表框中选择“1.5倍行距”、“2倍行距”、“多倍行距”等选项进行设置。

（三）设置边框和底纹

边框和底纹在文档中起装饰和美化的作用。下面在“招聘启事”文档中为招聘职位和信息段落文本的上方、下方添加橙色双波浪线边框，再为“合则约见，拒绝来访。”段落文本添加浅灰色底纹效果。其具体操作如下。（拓展微课：光盘\微课视频\项目七\设置边框和底纹.swf）

STEP 1 选择“招聘职位”到“工作经验”段落文本，在【开始】/【段落】组中单击“边框”按钮右侧的下拉按钮，在弹出的下拉列表中选择“边框和底纹”命令，如图7-48所示。

STEP 2 打开“边框和底纹”对话框，单击“边框”选项卡，在“设置”栏中选择“自定义”选项，在“样式”列表框中选择边框线型为双波浪线，在“颜色”下拉列表框中选择“橙色”选项，在右侧的“预览”栏中可查看设置的效果，分别单击和按钮，表示只添加上、下边框线，如图7-49所示。

操作提示

在【开始】/【字体】组中单击“字符底纹”按钮和在【开始】/【段落】组中单击“底纹”按钮，都可为文字添加底纹效果，但“字符底纹”按钮不能选择底纹颜色。

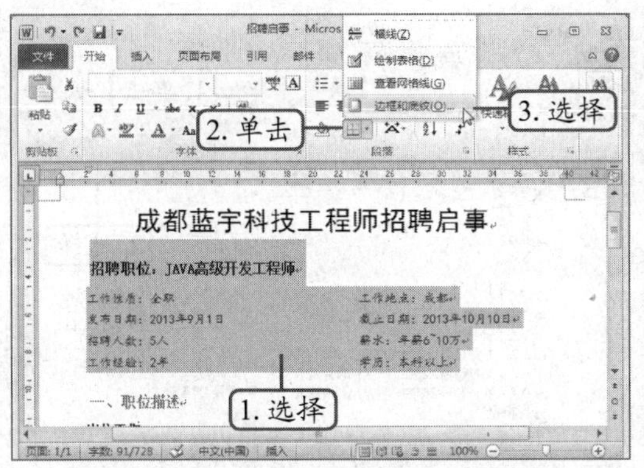

图7-48 选择“边框和底纹”命令

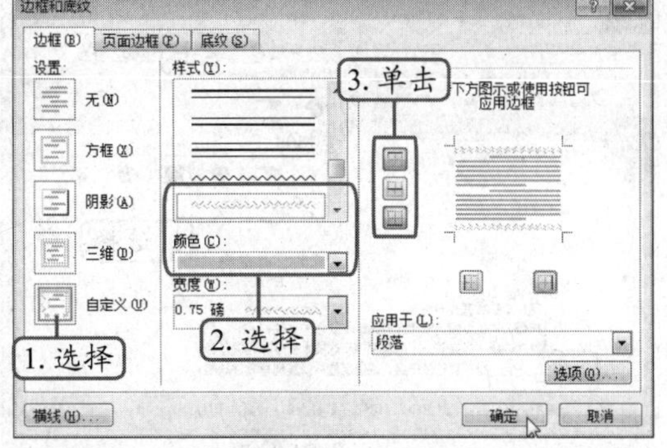

图7-49 设置边框

STEP 3 单击 确定 按钮，应用边框效果，如图7-50所示。

STEP 4 选择“合则约见，拒绝来访。”文本，在【开始】/【段落】组中单击“底纹”按钮右侧的下拉按钮，在弹出的下拉列表中选择添加浅灰色底纹，如图7-51所示。

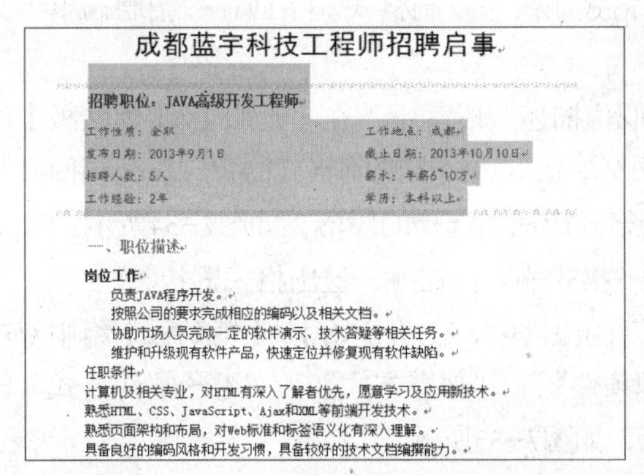

图 7-50 设置边框后的效果

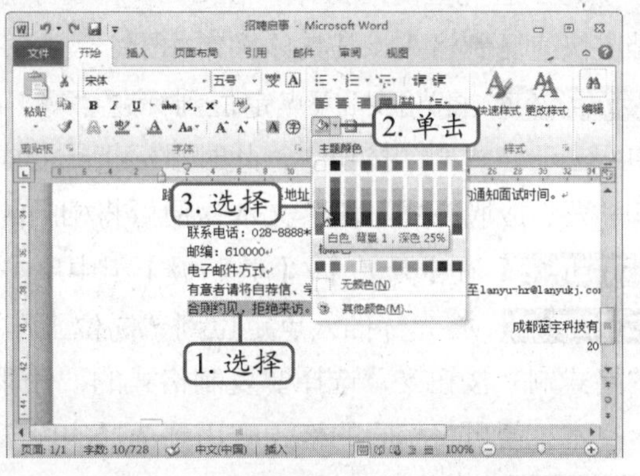

图 7-51 设置字符底纹后的效果

操作提示

要自定义底纹的颜色，在【开始】/【段落】组中单击“底纹”按钮右侧的下拉按钮，在弹出的下拉列表中选择“其他颜色”选项，打开“边框和底纹”对话框，单击“底纹”选项卡，在其中可以详细设置。

（四）添加项目符号和编号

对于文档中一些具有并列关系或具有前后顺序关系的段落文本，可以为其添加项目符号和编号，比直接录入符号或编号更为快捷、方便。下面在“岗位工作”标题前添加菱形项目符号，然后给其下的内容添加编号效果。其具体操作如下。（拓展微课：光盘\微课视频\项目七\添加项目符号.swf、添加编号.swf）

STEP 1 选择“岗位工作”文本，在【开始】/【段落】组中单击“项目符号”按钮右侧的下拉按钮，在弹出的下拉列表中选择“菱形”选项，如图7-52所示。

STEP 2 选择“岗位工作”标题下面的内容文本，在【开始】/【段落】组中单击“编号”按钮右侧的下拉按钮，在弹出的下拉列表中选择如图7-53所示的编号。

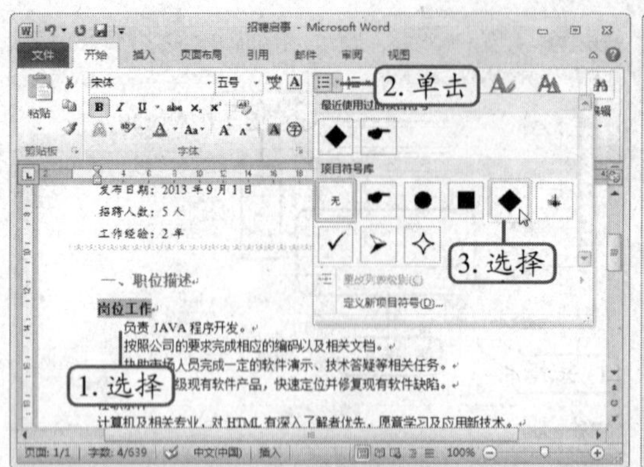

图7-52 设置项目符号

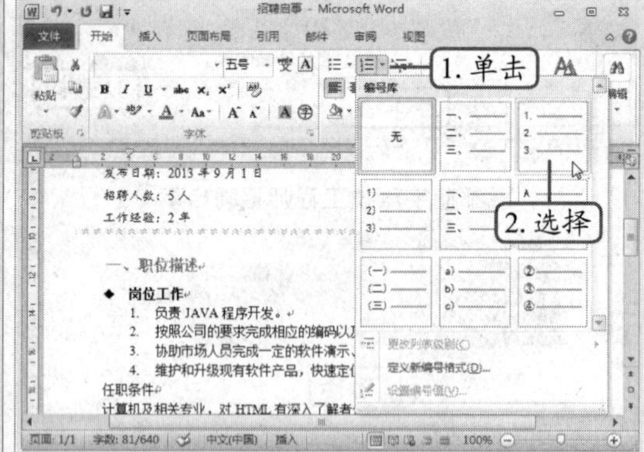

图7-53 设置编号

STEP 3 用相同的方法为“任职条件”标题下面的内容文本添加编号。

（五）使用“格式刷”复制格式

为了避免重复的操作，在Word中可利用格式刷快速复制格式。下面在“招聘启事”文档中快速复制格式，其具体操作如下。

STEP 1 将光标插入点定位到标题“一、职位描述”段落中，在【开始】/【剪贴板】组中双击“格式刷”按钮，此时鼠标指针变成形状，选择要复制格式的“二、公司简介”和“三、应聘方式”段落文本，便可将相同的格式应用到选择的段落，如图7-54所示。

STEP 2 在【开始】/【剪贴板】组中单击“格式刷”按钮，退出格式刷状态。

STEP 3 将光标插入点定位到“岗位工作”的段落中，在【开始】/【剪贴板】组中双击“格式刷”按钮，选择要复制格式的“任职条件”、“邮寄方式”、“电子邮件方式”段落文本，便可将相同的格式应用到选择的段落，如图7-55所示。

STEP 4 在【开始】/【剪贴板】组中单击“格式刷”按钮，退出格式刷状态。

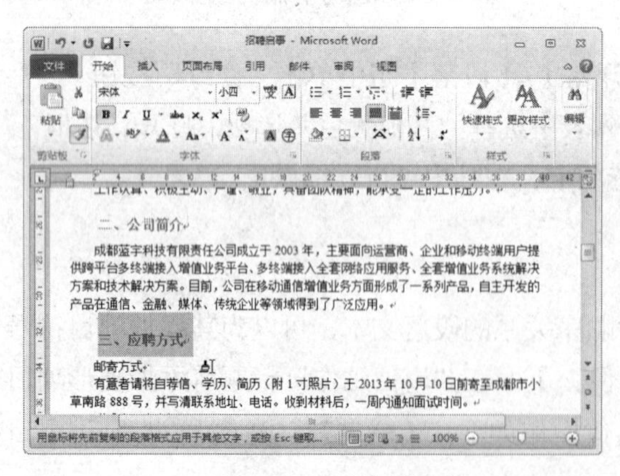

图7-54 复制字体格式

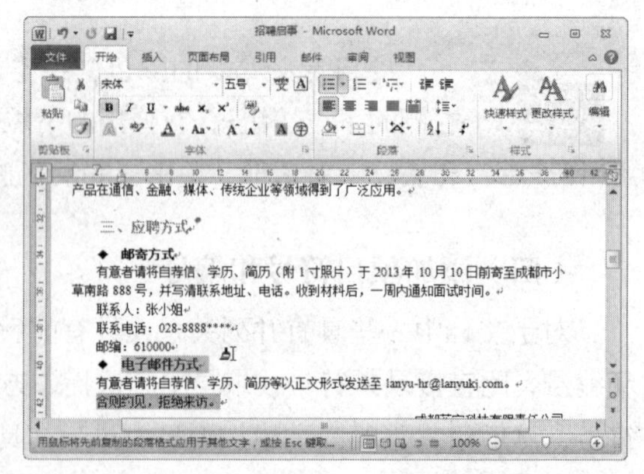

图7-55 复制项目符号格式

STEP 5 用相同的方法并结合前面的练习，完成本例的制作，并保存文档内容（最终效果参见：效果文件\项目七\任务二\招聘启事.docx）。

实训一 制作“会议纪要”文档

【实训要求】

柯蓝科技公司的总经理和各部门经理在2013年3月14日对下个季度的销售进行例行会议，期间重点强调了二季度的工作重点、相关负责人、管理问题、可能面临的问题等。请在会议结束后制作一份“会议纪要”文档，要求遵守会议纪要格式，用词准确，并且不遗漏重点。

【实训思路】

会议纪要是用于记载、传达会议情况和拟定事项的行政公文。本任务首先新建一篇空白文档并将会议纪要的内容录入Word文档中（素材参见：素材文件\项目七\实训一\会议纪要.docx），然后对文档进行简单设置，标题可以使用黑体进行加粗，居中突出显示，正文使用“小四”号宋体，最后对文本进行校对和修改。本实训的参考效果如图7-56所示。

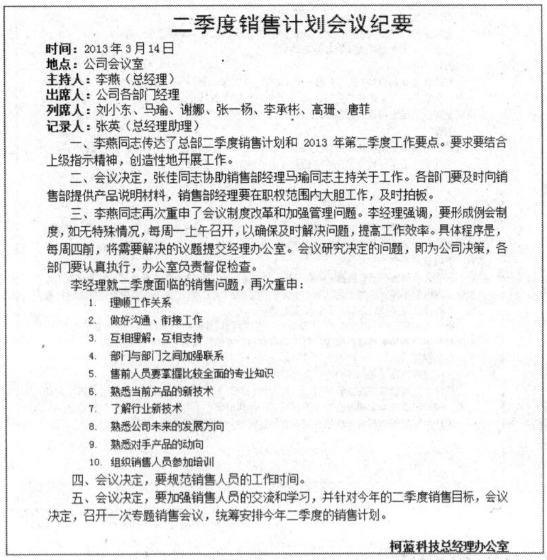

二季度销售计划会议纪要

时间：2013年3月14日
地点：公司会议室
主持人：李燕（总经理）
出席人：公司各部门经理
列席人：刘小东、马瑜、谢娜、张一杨、李承彬、高珊、唐菲
记录人：张英（总经理助理）

一、李燕同志传达了总部二季度销售计划和2013年第二季度工作要点。要求要结合上级指示精神，创造性地开展工作。

二、会议决定，张佳同志协助销售部经理马瑜同志主持关于工作。各部门要及时向销售部提供产品说明材料，销售部经理要在职权范围内大胆工作，及时拍板。

三、李燕同志再次重申了会议制度改革和加强管理问题。李经理强调，要形成例会制度，如无特殊情况，每周一上午召开，以确保及时解决问题，提高工作效率。具体程序是，每周四前，将需要解决的议题提交经理办公室。会议研究决定的问题，即为公司决策，各部门要认真执行，办公室负责督促检查。

李经理就二季度面临的销售问题，再次重申：

1. 理顺工作关系
2. 做好沟通、衔接工作
3. 互相理解，互相支持
4. 部门与部门之间加强联系
5. 售前人员要掌握比较全面的专业知识
6. 熟悉当前产品的新技术
7. 了解行业新技术
8. 熟悉公司未来的发展方向
9. 熟悉对手产品的动向
10. 组织销售人员参加培训

四、会议决定，要规范销售人员的工作时间。

五、会议决定，要加强销售人员的交流和学习，并针对今年的二季度销售目标，会议决定，召开一次专题销售会议，统筹安排今年二季度的销售计划。

柯蓝科技总经理办公室

图7-56 “会议纪要”文档效果

【步骤提示】

STEP 1 启动Word 2010程序，在新建的空白文档中分别录入会议纪要标题、称呼、正文、落款等文字。

STEP 2 在【开始】/【字体】组中将标题设置为“黑体、二号”，再在【开始】/【字体】组中设置居中对齐。

STEP 3 选择全部正文，将其字体设置为“宋体，小四”。选择“时间：”、“地点”、“主持人”等称谓以及落款，将其字体加粗。

STEP 4 利用“段落”对话框将所有正文段落设置为首行缩进2字符，利用“标尺”浮标将重申的内容对齐“经理”文本，再在【开始】/【段落】组中为其设置数字编号。

STEP 5 在【开始】/【段落】组中将落款设置为右对齐。

STEP 6 对文档内容进行校对和修改，完成制作。

实训二 编辑“考勤管理制度”文档

【实训要求】

打开提供的素材文档（素材参见：素材文件\项目七\实训二\考勤管理制度.docx），该文档为一篇某广告公司即将实行的考勤管理制度，需要设置标题和落款的对齐方式，修改段落的缩进和小标题的行距等，使文档条理清晰。文档中的时间存在错误，要求使用Word的替换功能将年份改为“2014年”，其前后对比效果如图7–57所示。

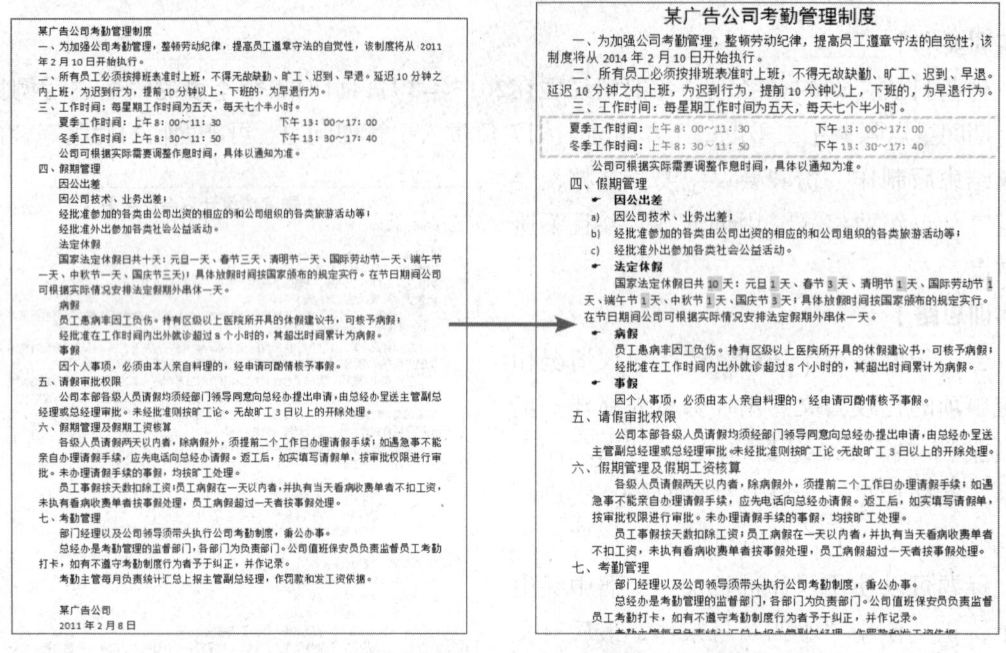

某广告公司考勤管理制度

一、为加强公司考勤管理，整顿劳动纪律，提高员工遵章守法的自觉性，该制度将从 2011 年 2 月 10 日开始执行。

二、所有员工必须按排班表准时上班，不得无故缺勤、旷工、迟到、早退。延迟 10 分钟之内上班，为迟到行为，提前 10 分钟以上，下班的，为早退行为。

三、工作时间：每星期工作时间为五天，每天七个半小时。

夏季工作时间：上午 8：00～11：30　　下午 13：00～17：00

冬季工作时间：上午 8：30～11：50　　下午 13：30～17：40

公司可根据实际需要调整作息时间，具体以通知为准。

四、假期管理

因公出差

因公司技术、业务出差；

经批准参加的各类由公司出资的相应的和公司组织的各类旅游活动等；

经批准外出参加各类社会公益活动。

法定休假

国家法定休假日共十天：元旦一天、春节三天、清明节一天、国际劳动节一天、端午节一天、中秋节一天、国庆节三天)；具体放假时间按国家颁布的规定实行。在节日期间公司可根据实际情况安排法定假期外串休一天。

病假

员工患病非因工负伤。持有区级以上医院所开具的休假建议书，可核予病假；

经批准在工作时间内出外就诊超过 8 个小时的，其超出时间累计为病假。

事假

因个人事项，必须由本人亲自料理的，经申请可酌情核予事假。

五、请假审批权限

公司本部各级人员请假均须经部门领导同意向总经办提出申请，由总经办呈送主管副总经理或总经理审批。未经批准则按旷工论。无故旷工 3 日以上的开除处理。

六、假期管理及假期工资核算

各级人员请假两天以内者，除病假外，须提前二个工作日办理请假手续；如遇急事不能亲自办理请假手续，应先电话向总经办请假。返工后，如实填写请假单，按审批权限进行审批。未办理请假手续的事假，均按旷工处理。

员工事假按天数扣除工资；员工病假在一天以内者，并执有当天看病收费单者不扣工资，未执有看病收费单者按事假处理，员工病假超过一天者按事假处理。

七、考勤管理

部门经理以及公司领导须带头执行公司考勤制度，秉公办事。

总经办是考勤管理的监督部门，各部门为负责部门。公司值班保安员负责监督员工考勤打卡，如有不遵守考勤制度行为者予于纠正，并作记录。

考勤主管每月负责统计汇总上报主管副总经理，作罚款和发工资依据。

某广告公司

2011 年 2 月 8 日

某广告公司考勤管理制度

一、为加强公司考勤管理，整顿劳动纪律，提高员工遵章守法的自觉性，该制度将从 2014 年 2 月 10 日开始执行。

二、所有员工必须按排班表准时上班，不得无故缺勤、旷工、迟到、早退。延迟 10 分钟之内上班，为迟到行为，提前 10 分钟以上，下班的，为早退行为。

三、工作时间：每星期工作时间为五天，每天七个半小时。

夏季工作时间：上午 8：00～11：30　　下午 13：00～17：00

冬季工作时间：上午 8：30～11：50　　下午 13：30～17：40

公司可根据实际需要调整作息时间，具体以通知为准。

四、假期管理

- **因公出差**

a) 因公司技术、业务出差；

b) 经批准参加的各类由公司出资的相应的和公司组织的各类旅游活动等；

c) 经批准外出参加各类社会公益活动。

- **法定休假**

国家法定休假日共 10 天：元旦 1 天、春节 3 天、清明节 1 天、国际劳动节 1 天、端午节 1 天、中秋节 1 天、国庆节 3 天；具体放假时间按国家颁布的规定实行。在节日期间公司可根据实际情况安排法定假期外串休一天。

- **病假**

员工患病非因工负伤。持有区级以上医院所开具的休假建议书，可核予病假；

经批准在工作时间内出外就诊超过 8 个小时的，其超出时间累计为病假。

- **事假**

因个人事项，必须由本人亲自料理的，经申请可酌情核予事假。

五、请假审批权限

公司本部各级人员请假均须经部门领导同意向总经办提出申请，由总经办呈送主管副总经理或总经理审批。未经批准则按旷工论。无故旷工 3 日以上的开除处理。

六、假期管理及假期工资核算

各级人员请假两天以内者，除病假外，须提前二个工作日办理请假手续；如遇急事不能亲自办理请假手续，应先电话向总经办请假。返工后，如实填写请假单，按审批权限进行审批。未办理请假手续的事假，均按旷工处理。

员工事假按天数扣除工资；员工病假在一天以内者，并执有当天看病收费单者不扣工资，未执有看病收费单者按事假处理，员工病假超过一天者按事假处理。

七、考勤管理

部门经理以及公司领导须带头执行公司考勤制度，秉公办事。

总经办是考勤管理的监督部门，各部门为负责部门。公司值班保安员负责监督员工考勤打卡，如有不遵守考勤制度行为者予于纠正，并作记录。

图7–57　编辑“考勤管理制度”文档前后的对比效果

【实训思路】

本实训可综合运用前面所学知识对文档进行编辑，编辑时将运用到替换操作、“开始”功能选项卡、“字体”对话框、“段落”对话框等知识点。

【步骤提示】

STEP 1 打开“考勤管理制度.docx”文档，按【Ctrl+H】组合键打开“查找与替换”对话框，将文档中的“2011年”文本全部替换为“2014年”文本。

STEP 2 在【开始】/【字体】组中将标题设置为“黑体、小二、居中对齐”。

STEP 3 选择全部正文，设置为首行缩进2字符。

STEP 4 选择“三、工作时间”段落下的内容，为其设置字体颜色，并打开“边框和底纹”对话框，在“底纹”选项卡中为其添加“橙色，方框，斜纹边样式”边框。

STEP 5 选择“因公出差”等小标题，为其添加项目符号样式，且为“因公出差”段落下面的内容段落添加英文编号。使用“字符底纹”按钮 A 为休假日时间添加底纹。

STEP 6 参照前面给出的效果，对文档使用格式刷复制格式并进行调整，完成制作。

常见疑难解析

问：Word的“字号”下拉列表框中最大为初号，要设置更大字号的字体，该怎么办？

答：直接选择文字后在“字号”下拉列表框中录入需要的字号大小便可，如输入“100”等，如果不知道将文本设置为多大的字号合适，还可以选择文本后按【Ctrl+]】组合键逐渐放大字号，按【Ctrl+[】组合键逐渐缩小字号。

问：Word中提供的项目符号只有几种，可以添加其他样式的项目符号吗？

答：可以，在【开始】/【段落】组中单击“项目符号”按钮右侧的下拉按钮，在弹出的下拉列表中选择“定义新项目符号”选项，打开“定义新项目符号”对话框，单击符号(S)...按钮，打开“符号”对话框，可选择程序自带的符号作为新项目符号；单击图片(P)...按钮，打开“图片项目符号”对话框，可选择上网搜索或导入图片作为新项目符号。

问：如何在Word中录入公式？

答：在【插入】/【符号】组中单击“公式”按钮π下方的下拉按钮，在弹出的下拉列表中选择“插入新公式”选项，在鼠标插入点处插入公式编辑框，并打开“公式工具-设计”选项卡，即可使用选项卡中的内容对公式进行录入。

拓展知识

（一）会议纪要和会议记录的区别

会议纪要与会议记录是两个不同的概念，两者主要有以下区别。

- **性质不同**：会议纪要是一种法定的公务文书，其撰写与制作属于应用写作和公文处理的范畴，必须遵循应用写作的一般规律，严格按照公文制发处理程序办事。而会议记录则属于事务文书，需忠实地记载会议实况，保证记录的原始性、完整性、准确性，其记录活动同严格意义上的公文写作完全是两码事。
- **载体样式不同**：会议纪要作为一种法定公文，其载体为文件。会议记录的载体是会议记录簿。
- **功能不同**：会议纪要通常要在一定范围内传达或传阅，要求贯彻执行。会议记录一般不公开，无须传达或传阅，只作资料存档。
- **适用对象不同**：会议纪要主要用于传达告知，因而有明确的读者对象。会议记录作为历史资料，一般只提供小范围查阅。

（二）如何选择合适的文档字体

使用恰当的文档字体可以使编辑的文档更加专业化和美观，不同类型的文档需要注意字体与版面气质的吻合，而对于录入的相关工作来说，事务类文档比较多，而这类文档又大都属于公文，字体有严格的使用规范。以下几种格式为参考设置。

- 文档的大标题（也称文头）可以使用黑体、方正大标宋、方正小标宋、创艺简标宋、华文中宋等字体，字号可以使用初号、小初号、一号等。
- 正文开头和每一段落首行空两个字，回行时顶格。
- 主题词、称呼、正文、落款等一般用三号或四号的仿宋或宋体。
- 文档中的数字一般使用阿拉伯数字，其他重点内容可使用黑体表示。

课后练习

（1）启动Word 2010程序，选择【文件】/【新建】菜单命令，在“Office.com模板”栏中搜索“通知”文本，然后选择“地址变更通知”选项创建一篇文档，通知的目的是告知客户公司因发展需要变更地址。要求根据提示修改文档的内容，注意措词的规范，然后将其以“变更通知”为名进行保存。

（2）创建一篇空白文档，录入如图7-58所示的内容，保存为“工作计划.docx”文档。

（3）在录入内容后的文档中进行字符和段落格式的设置，其中标题格式为“黑体，小二，居中对齐”；正文为“宋体，五号，1.15倍行距”；小标题为“宋体，小三，加粗，编号”；“销量指标”下的内容段落添加红色边框，时间数字添加底纹效果，任务数字为红色；“计划拟定”和“技术交流”下的内容段落添加“菱形”项目符号效果。设置后的效果如图7-59所示（最终效果参见：效果文件\项目七\课后练习\工作计划.docx）。

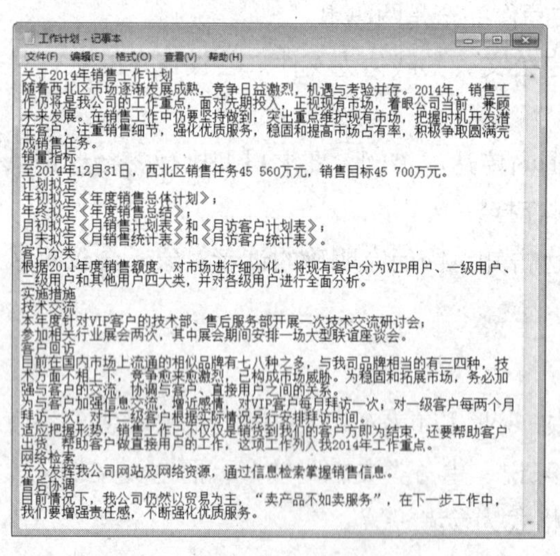

关于2014年销售工作计划
随着西北区市场逐渐发展成熟，竞争日益激烈，机遇与考验并存。2014年，销售工作仍将是我公司的工作重点，面对先期投入，正视现有市场，着眼公司当前，兼顾未来发展。在销售工作中仍要坚持做到：突出重点维护现有市场，把握时机开发潜在客户，注重销售细节，强化优质服务，稳固和提高市场占有率，积极争取圆满完成销售任务。
销量指标
至2014年12月31日，西北区销售任务45 560万元，销售目标45 700万元。
计划拟定
年初拟定《年度销售总体计划》；
年终拟定《年度销售总结》；
月初拟定《月销售计划表》和《月访客户计划表》；
月末拟定《月销售统计表》和《月访客户统计表》。
客户分类
根据2011年度销售额度，对市场进行细分化，将现有客户分为VIP用户、一级用户、二级用户和其他用户四大类，并对各级用户进行全面分析。
实施措施
技术交流
本年度针对VIP客户的技术部、售后服务部开展一次技术交流研讨会；
参加相关行业展会两次，其中展会期间安排一场大型联谊座谈会。
客户回访
目前在国内市场上流通的相似品牌有七八种之多，与我司品牌相当的有三四种，技术方面不相上下，竞争愈来愈激烈，已构成市场威胁。为稳固和拓展市场，务必加强与客户的交流，协调与客户、直接用户之间的关系。
为与客户加强信息交流，增近感情，对VIP客户每月拜访一次；对一级客户每两个月拜访一次；对于二级客户根据实际情况另行安排拜访时间。
适应把握形势，销售工作已不仅仅是销货到我们的客户方即为结束，还要帮助客户出货，帮助客户做直接用户的工作，这项工作列入我2014年工作重点。
网络检索
充分发挥我公司网站及网络资源，通过信息检索掌握销售信息。
售后协调
目前情况下，我公司仍然以贸易为主，“卖产品不如卖服务”，在下一步工作中，我们要增强责任感，不断强化优质服务。

图7-58　录入文档内容

关于2014年销售工作计划

随着西北区市场逐渐发展成熟，竞争日益激烈，机遇与考验并存。2014年，销售工作仍将是我公司的工作重点，面对先期投入，正视现有市场，着眼公司当前，兼顾未来发展。在销售工作中仍要坚持做到：突出重点维护现有市场，把握时机开发潜在客户，注重销售细节，强化优质服务，稳固和提高市场占有率，积极争取圆满完成销售任务。

一、　销量指标

至2014年12月31日，西北区销售任务45 560万元，销售目标45 700万元。

二、　计划拟定

- ◆ 年初拟定《年度销售总体计划》；
- ◆ 年终拟定《年度销售总结》；
- ◆ 月初拟定《月销售计划表》和《月访客户计划表》；
- ◆ 月末拟定《月销售统计表》和《月访客户统计表》。

三、　客户分类

根据2011年度销售额度，对市场进行细分化，将现有客户分为VIP用户、一级用户、二级用户和其他用户四大类，并对各级用户进行全面分析。

四、　实施措施

1. 技术交流
   - ◆ 本年度针对VIP客户的技术部、售后服务部开展一次技术交流研讨会；
   - ◆ 参加相关行业展会两次，其中展会期间安排一场大型联谊座谈会。
2. 客户回访

目前在国内市场上流通的相似品牌有七八种之多，与我司品牌相当的有三四种，技术方面不相上下，竞争愈来愈激烈，已构成市场威胁。为稳固和拓展市场，务必加强与客户的交流，协调与客户、直接用户之间的关系。

为与客户加强信息交流，增近感情，对VIP客户每月拜访一次；对一级客户每两个月拜访一次；对于二级客户根据实际情况另行安排拜访时间。

适应把握形势，销售工作已不仅仅是销货到我们的客户方即为结束，还要帮助客户出货，帮助客户做直接用户的工作，这项工作列入我2014年工作重点。

3. 网络检索

充分发挥我公司网站及网络资源，通过信息检索掌握销售信息。

4. 售后协调

目前情况下，我公司仍然以贸易为主，“卖产品不如卖服务”，在下一步工作中，我们要增强责任感，不断强化优质服务。

图7-59　编辑“工作计划”文档后的效果

PART 8

项目八 排版和打印文档

情景导入

阿秀：小白，我看了你制作的“展会宣传单”文档，文字内容已经没有问题了，不过版式需要重新设计，可以添加一些图片增加吸引力。

小白：我已经试过了，但插入图片后，因为图片太大没办法移动，所以我把图片都删了。

阿秀：可能是你没有设置图片的格式，像“展会宣传单”这类用于展示的文档，图片需要经过适当的剪裁和调整才能使用。

小白：原来如此，我明白了。

阿秀：完成后，把“企业文件管理制度”文档打印了一起拿来给我。

小白：好的，我现在就去整理。

学习目标

- 掌握Word文档中设置版式的方法
- 掌握在Word文档中插入图片和剪贴画的方法
- 掌握设置Word文档页面的方法
- 掌握打印Word文档的方法

技能目标

- 掌握“展会宣传单”文档的排版方法
- 掌握“企业文件管理制度”文档的打印方法

任务一　制作“展会宣传单”文档

宣传单是推广的手段之一。它能非常有效地把企业形象、产品、服务等信息展示给大众，能非常详细地说明产品的功能、诠译企业的文化理念、告知展会的讯息等。宣传单现在已广泛运用于展会招商宣传、房产招商楼盘销售、学校招生、产品推介、宾馆酒店宣传、产品上市宣传等。

一、任务目标

本任务将使用Word制作“展会宣传单”文档。打开素材文档，并对文档进行分栏排版，插入图片，绘制表格。通过本例的学习，可以掌握在Word中编排文档的基本方法。本例制作完成后的最终效果如图8-1所示。

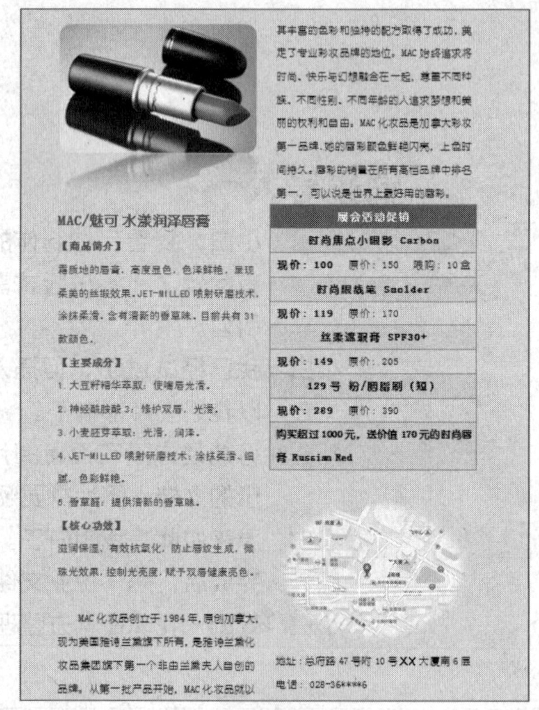

MAC/魅可 水漾润泽唇膏

【商品简介】

霜质地的唇膏，高度显色，色泽鲜艳，呈现柔美的丝缎效果。JET-MILLED 喷射研磨技术，涂抹柔滑，含有清新的香草味，目前共有 31 款颜色。

【主要成分】

1. 大豆籽精华萃取：使嘴唇光滑。
2. 神经酰胺酸 3：修护双唇，光滑。
3. 小麦胚芽萃取：光滑，润泽。
4. JET-MILLED 喷射研磨技术：涂抹柔滑、细腻，色彩鲜艳。
5. 香草醛：提供清新的香草味。

【核心功效】

滋润保湿，有效抗氧化，防止唇纹生成，微珠光效果，控制光亮度，赋予双唇健康亮色。

MAC 化妆品创立于 1984 年，原创加拿大，现为美国雅诗兰黛旗下所有，是雅诗兰黛化妆品集团旗下第一个非由兰黛夫人自创的品牌。从第一批产品开始，MAC 化妆品就以其丰富的色彩和独特的配方取得了成功，奠定了专业彩妆品牌的地位。MAC 始终追求将时尚、快乐与幻想融合在一起，尊重不同种族、不同性别、不同年龄的人追求梦想和美丽的权利和自由。MAC 化妆品是加拿大彩妆第一品牌，她的唇彩颜色鲜艳闪亮，上色时间持久，唇彩的销量在所有高档品牌中排名第一，可以说是世界上最好用的唇彩。

展会活动促销
时尚焦点小眼影 Carbon
现价：100　原价：150　限购：10盒
时尚眼线笔 Smolder
现价：119　原价：170
丝柔遮瑕膏 SPF30+
现价：149　原价：205
129 号 粉/腮脂刷（短）
现价：289　原价：390
购买超过 1000 元，送价值 170 元的时尚唇膏 Russian Red

地址：总府路 47 号附 10 号XX 大厦南 6 层

电话：028-36****6

图8-1　“展会宣传单”文档效果

展会宣传单文档涉及的图片和文字信息应基于事实，产品及公司取得的成就应真实可靠，不得虚报数据，夸大其词，以免存在诈骗嫌疑。

二、相关知识

页面中所包含的内容都具有各自的意思和作用。准确无误地将这些内容表现出来，才是所谓的排版设计。

（一）通过分栏调整内容

一篇内容丰富的文档中，有很多具有共同作用和意思的部分。针对这些内容，既可以将其划分为一组进行展示，也可以分别予以展示。但在进行划分组别之前，必须明确同组内容之间的共同点。综上所述，可以采用“分栏”功能实现，其主要有以下两个功效。

1. 划分组别

临近的内容更能让人感到一种强烈的关联性。在一篇文档中，通常是将相近的内容就近安排，而不同的内容则安排在较远的位置。如果文档中同时存在多张图片、标题、文字说明等内容，那么可以先将这些内容根据相互之间的关联性整合为组，这样就可以将其与不同的内容区分开。如图8-2所示的内容简单陈列，基本不能让人感受到文字与图片之间的关联性。

男士香水一般为草木的香型，香水瓶的设计简洁并且棱角分明，体现男士的干练，清爽。

女士香水以花果香型居多，香水瓶多半呈现柔和的曲线，通常味道比较清甜。

图 8-2 简单陈列组合

如图8-3所示，将同一范畴的内容分栏安排成一组，即将“男士香水”的标题、图片、文字说明安排在一栏，将“女士香水”的标题、图片、文字说明安排在另一栏，则恰到好处。

男士香水

一般为草木的香型，香水瓶的设计简洁并且棱角分明，体现男士的干练，清爽。

女士香水

以花果香型居多，香水瓶多半呈现柔和的曲线，通常味道比较清甜。

图 8-3 分栏组合

知识补充

要对分栏的页面添加分隔线，可在【页面布局】/【页面设置】组中单击“分栏”按钮，在弹出的菜单中选择“更多分栏”命令，在打开的“分栏”对话框中单击选中“分隔线”复选框即可。

2. 划分区域

对于不同范畴的内容，只要能将它们明确的区分开即可。通过边框线可以将内容分隔成正文部分和其他的补充性专栏，如图8-4所示。除了使用边框线来区分外，还可以使用不同的字体颜色或底纹来区分，如图8-5所示。

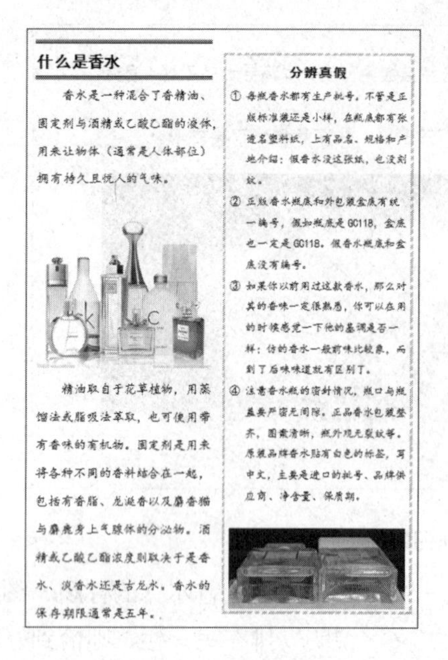

图 8-4 使用虚线区分

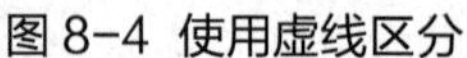

图 8-5 使用底纹区分

知识补充

若要为文档中的专栏添加边框或底纹，可在【开始】/【段落】组中单击“底纹”按钮，在弹出的菜单中选择“边框和底纹”命令，在打开的“边框和底纹”对话框中分别选择“边框”或“底纹”选项卡进行设置。

（二）用图片衬托文档

在文档中适当地添加图片，不但能够达到补充说明的效果，而且还能使整个版面活跃起来，更容易引起读者的共鸣。但没有价值或质量很差的图片反而弊大于利，因此，在采用图片之前，一定要进行谨慎而仔细的挑选。选用图片来衬托文档时，通常应遵循以下原则。

- 图片的内容要和文档的内容相呼应。对于文档本身来说，文档中的图片既要有一定的“独立性”，又要有一定的“从属性”。一般而言，应以“从属性”为主。所以，在选择图片之前，对文档的内容应进行充分的了解，以免出现图不对文的现象。
- 图片风格应考虑读者的审美习惯。选择图片时应考虑到读者年龄、性别、职业、文化构成等各种因素，分析他们的兴趣爱好和阅读心理，最终选择读者喜爱的图片。
- 图片的形式和风格要契合文档的内容。图片的形式有很多种，如照片、漫画、油画、水彩画、水墨画等，每一种形式都有其特殊的风格。根据文章的内容来选取不同形式和风格的图片，能起到图文相融、珠联璧合的作用。

（三）表格和表头

当需要对文档中各项内容的数值等进行比较时，相比于单纯的文字排列方式而言，使用纵横边框绘制的表格更能便于读者理解其中的内容。表格是由一行或多行单元格组成的，用于显示数字或其他项目。表格中的内容被分为行和列，以便于快速引用和分析。在文档中，表格在处理具有多项相同范围的内容时，能够清晰和简明地表达内容，并进行各项内容的对照和比较。

表头是表格中的第一个单元格。当需要在表头所在的单元格中显示第一行和第一列的含义时，就需要在单元格中绘制一条斜线。在绘制斜线表头时，需要注意以下两点。

- 尽量简化表头，避免占用过多的行和列，导致表格整体不协调。
- 调整表头大小，避免个别字符被遮挡，从而影响到表格的辨识。

图8-6所示为斜线压住文字和表头与整体不协调的现象。针对这种情况可以降低第一行的单元格高度，适当增加第一列单元格的宽度。

员工培训日常安排表					
分类 培训时间	开始时间	结束时间	地点	课程内容	主讲人
星期一	8:30AM	11:30AM	三楼会议室	销售技巧	张倩
星期三	8:30AM	11:30AM	三楼会议室	行政管理	李霞
星期五	2:30PM	5:30PM	三楼会议室	统计管理	郭栋梁

图 8-6 斜线压住文字和表头与整体不协调

绘制斜线表头的方法：在【插入】/【表格】组中单击“表格”按钮，在弹出的下拉列表中选择“绘制表格”选项，此时鼠标指针变成形状，按住鼠标左键不放，在表头所在单元格中从左上角拖曳至右下角，绘制出一条斜线。

三、任务实施

（一）分栏排版并设置文档

打开“展会宣传单”素材文档，对其中的内容进行分栏排版，其中商品的介绍用红色字体进行强调，要求段落的字体、字号、行距搭配协调。其具体操作如下。

STEP 1 打开“展会宣传单”素材文档（素材参见：素材文件\项目八\任务一\展会宣传单.docx）。

STEP 2 按【Ctrl+A】组合键选择全部文本，在【页面布局】/【页面设置】组中单击“分栏”按钮，在弹出的下拉列表中选择“两栏”选项，如图8-7所示。

STEP 3 选择“MAC/魅可”至“赋予双唇健康亮色。”段落文本。在【开始】/【字体】组中单击“字体颜色”按钮右侧的下拉按钮，在弹出的下拉列表中选择“红色”选项。

STEP 4 选择“MAC/魅可”段落文本，在【开始】/【字体】组中设置“幼圆、四号、加粗”。

STEP 5 按照相同的操作方法，继续设置其他段落文本，如图8-8所示。

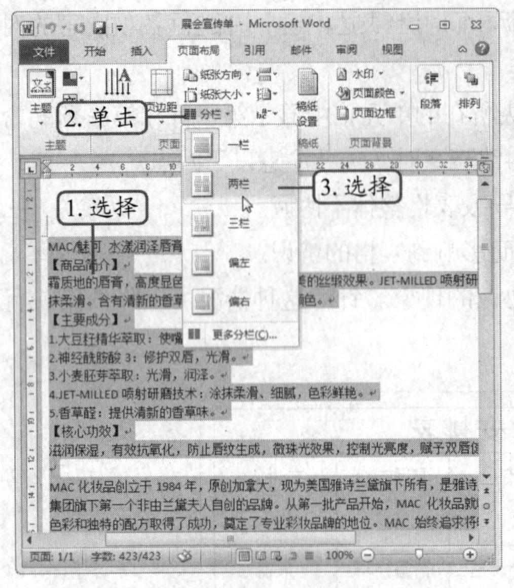

图8-7 分栏排版

MAC/魅可 水漾润泽唇膏

【商品简介】

霜质地的唇膏，高度显色，色泽鲜艳，呈现柔美的丝缎效果，JET-MILLED 喷射研磨技术，涂抹柔滑。含有清新的香草味。目前共有 31 款颜色。

【主要成分】

1. 大豆籽精华萃取：使嘴唇光滑。

2. 神经酰胺酸 3：修护双唇，光滑。

3. 小麦胚芽萃取：光滑，润泽。

4. JET-MILLED 喷射研磨技术：涂抹柔滑、细腻，色彩鲜艳。

5. 香草醛：提供清新的香草味。

【核心功效】

滋润保湿，有效抗氧化，防止唇纹生成，微珠光效果，控制光亮度，赋予双唇健康亮色。

MAC 化妆品创立于 1984 年，原创加拿大，现为美国雅诗兰黛旗下所有，是雅诗兰黛化妆品集团旗下第一个非由兰黛夫人自创的品牌。从第一批产品开始，MAC 化妆品就以其丰富的色彩和独特的配方取得了成功，奠定了专业彩妆品牌的地位。MAC 始终追求将时尚、快乐与幻想融合在一起，尊重不同种族、不同性别、不同年龄的人追求梦想和美丽的权利和自由。MAC 化妆品是加拿大彩妆第一品牌，她的唇彩颜色鲜艳闪亮，上色时间持久。唇彩的销量在所有高档品牌中排名第一，可以说是世界上最好用的唇彩。

图8-8 设置段落文本

（二）插入图片

在实际的排版中，经过筛选的图片也并不一定满足需求，且为了能够在给定的页面范围内进行图片排版，此时可在【图片工具-格式】选项卡中进行编辑。下面将在文档中插入素材图片，再对图片进行编辑，其具体操作如下。（拓展微课：光盘\微课视频\项目八\插入与编辑图片.swf）

STEP 1 将光标定位到第一段段落文本前，在【插入】/【插图】组中单击“图片”按钮，如图8-9所示。

STEP 2 打开“插入图片”对话框，找到素材图片路径，选择“展示产品”图片（素材参见：素材文件\项目八\任务一\展示产品.jpg），单击 插入(S) 按钮，如图8-10所示。

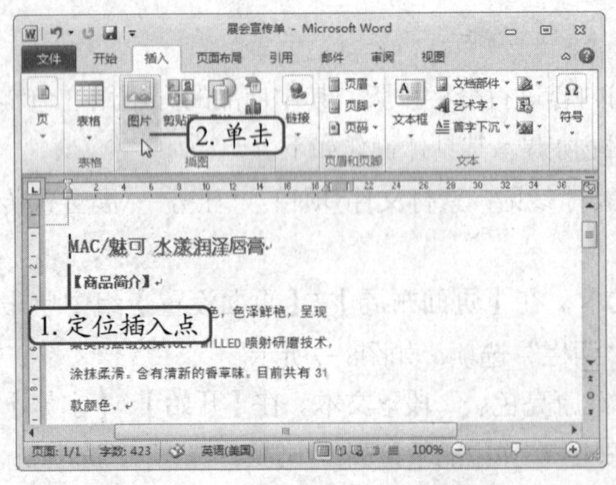

图8-9 单击“图片”按钮

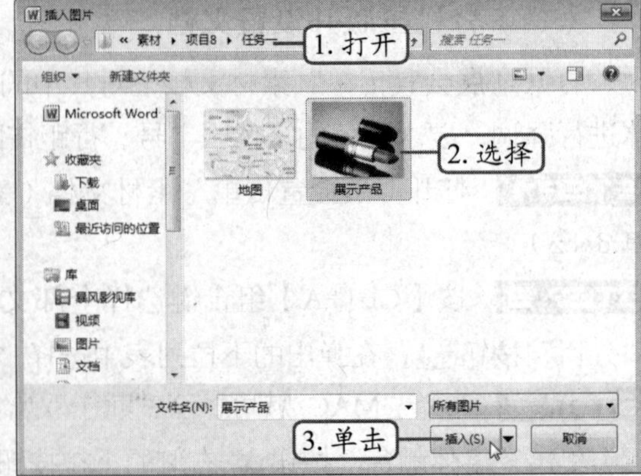

图8-10 选择图片

STEP 3 返回“展会宣传单”文档，图片呈被选中状态，同时激活【图片工具-格式】选项卡，然后在“大小”组中单击“剪裁”按钮。

STEP 4 将鼠标指针移动到图片顶端的中间位置，此时鼠标指针变为⊥形状，按住鼠标左键不放向下拖曳，到目标位置后释放鼠标，图片中有阴影的部分表示被裁剪的部分，再次单击按钮完成裁剪操作，如图8-11所示。

STEP 5 在【图片工具-格式】/【图片样式】组中单击“快速样式”按钮下方的下拉按钮▾，在弹出的下拉列表中选择“映像圆角矩形”样式，如图8-12所示。

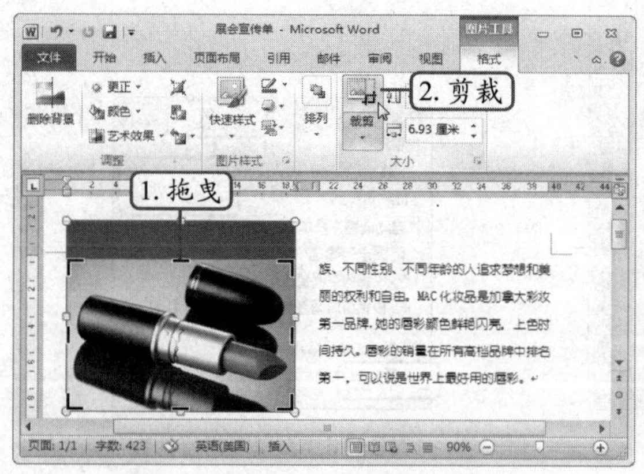

图8-11 剪裁图片

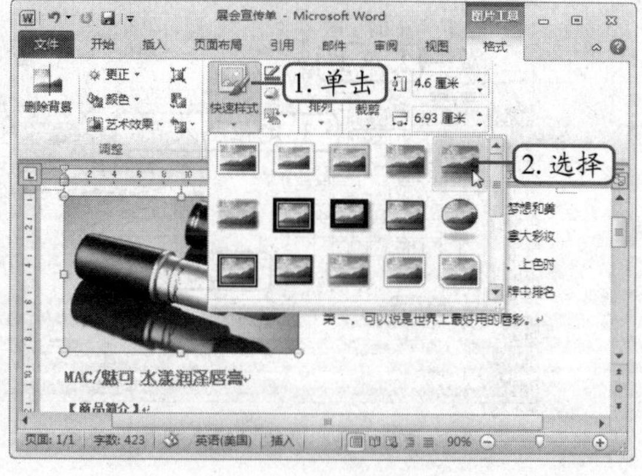

图8-12 选择样式

STEP 6 将光标定位到最后一段段末，按【Enter】键换行，用相同的方法插入并编辑图片“地图”，效果如图8-13所示。

STEP 7 按【Enter】键换行，输入“地址：总府路47号附10号蜀都大厦南6层”和“电话：028-36★★★★6”，如图8-14所示。

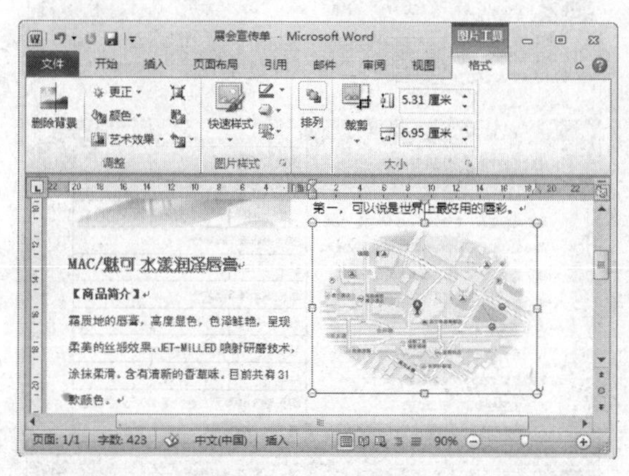

图8-13 编辑图片

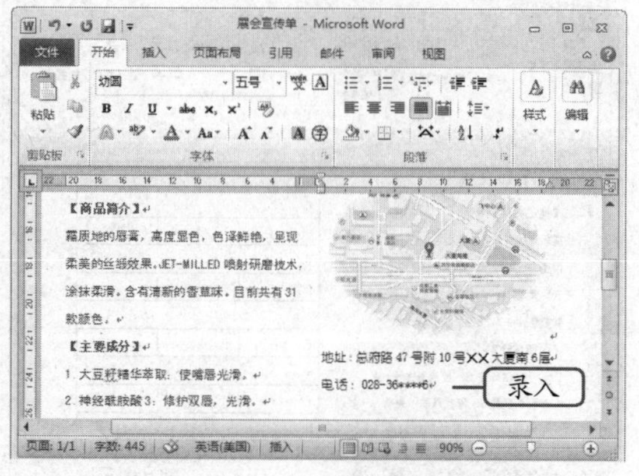

图8-14 录入地址和电话

（三）绘制表格

在绘制表格时，可以对表格中不同的部分应用不同的颜色，此时表格中的色彩不仅关系到表格外观的美观与否，而且关系到内容的易读性。下面先在文档最后绘制一个表格，再为其添加表格样式，最后将素材内容录入到表格中。其具体操作如下。（拓展微课：光盘\微课视频\项目八\绘制表格.swf、美化表格.swf）

STEP 1 将光标定位到“MAC化妆品创立于1984年”段落文本末，按【Enter】键换行，在【插入】/【表格】组中单击“表格”按钮，在弹出的菜单中选择“插入表格”命令，如图8-15所示。

STEP 2 打开“插入表格”对话框，在“表格尺寸”栏的“列数”数值框中输入“4”，在“行数”数值框中输入“10”，单击确定按钮，如图8-16所示。

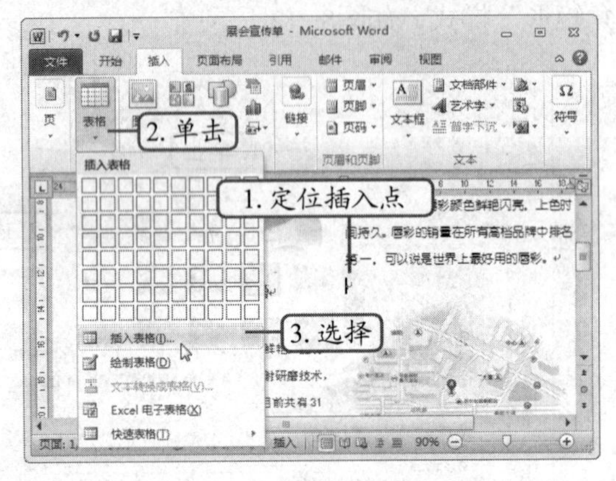

图8-15 选择“插入表格”命令

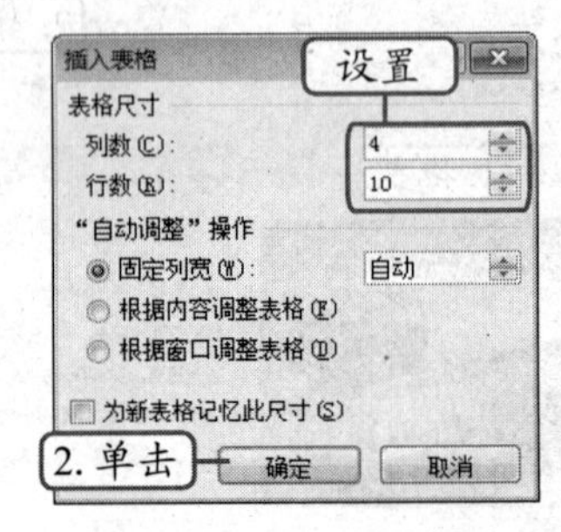

图8-16 设置表格行列数

STEP 3 选择表格的第1行，在【表格工具-布局】/【合并】组中单击“合并单元格”按钮合并单元格，用相同方法合并第2、4、6、8、10行的单元格，效果如图8-17所示。

STEP 4 在单元格中输入标题“展会活动促销”文本，打开素材文件“促销信息.txt”（素材参见：素材\项目8\任务一\促销信息.txt），将内容录入表格，效果如图8-18所示。

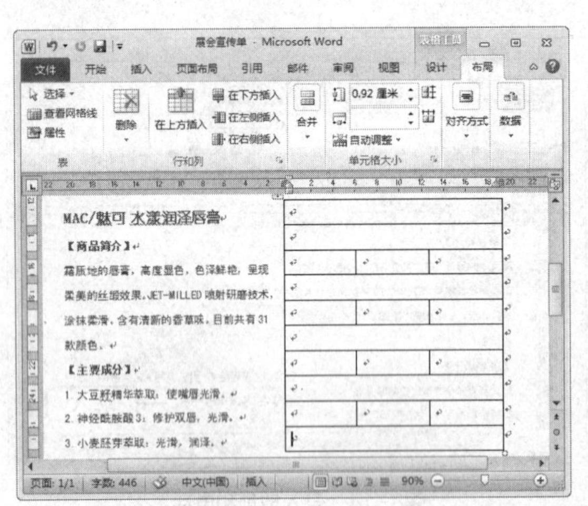

图8-17 合并单元格

图8-18 录入素材

STEP 5 在【表格工具-设计】/【表格样式】组中单击列表框中的按钮，选择“中等深浅底纹1-强调文字颜色2”选项，如图8-19所示。

STEP 6 选择除最后一行单元格外的所有单元格，在【表格工具-布局】/【对齐方式】组中单击“水平居中”按钮，效果如图8-20所示。

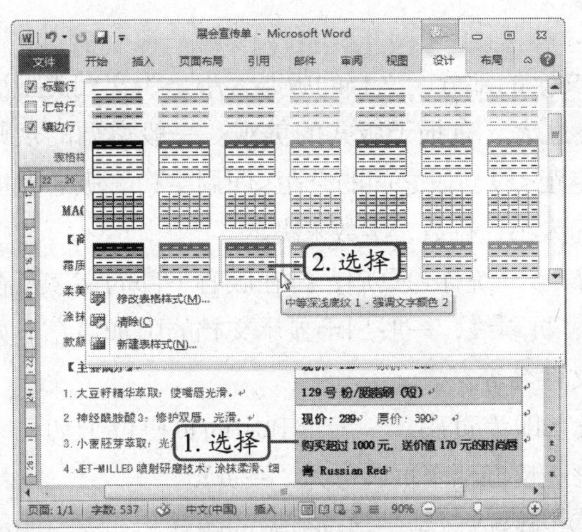

图8-19 选择表格样式

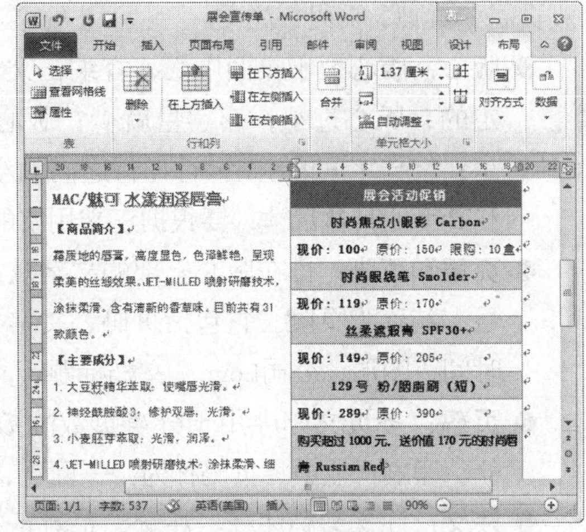

图8-20 设置文字水平居中

STEP 7 最后在【页面布局】/【页面背景】组中单击“页面颜色”按钮，在弹出的下拉列表中选择“淡紫色”选项完成任务，保存文档内容（最终效果参见：效果文件\项目八\任务一\展会宣传单.docx）。

任务二 设置并打印“企业文件管理制度”文档

现代企业管理制度的4个主要管理对象是人、财、物、信息，而“企业文件管理制度”就是针对其中“物”的规范性文件。

一、任务目标

本任务将使用Word设置并打印“企业文件管理制度”文档。制作时先打开素材文档，设置页面大小、页眉、页脚、页码，然后通过打印预览查看文档，最后对文档进行打印。通过本例的学习，可以掌握在Word中设置页面和打印文档的基本方法。本例制作完成后的最终效果如图8-21所示。

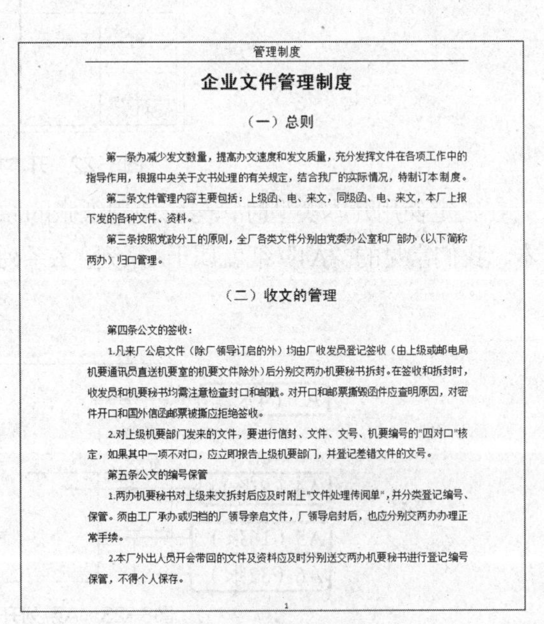

管理制度

企业文件管理制度

（一）总则

第一条为减少发文数量，提高办文速度和发文质量，充分发挥文件在各项工作中的指导作用，根据中央关于文书处理的有关规定，结合我厂的实际情况，特制订本制度。

第二条文件管理内容主要包括：上级函、电、来文，同级函、电、来文，本厂上报下发的各种文件、资料。

第三条按照党政分工的原则，全厂各类文件分别由党委办公室和厂部办（以下简称两办）归口管理。

（二）收文的管理

第四条公文的签收：

1.凡来厂公启文件（除厂领导订启的外）均由厂收发员登记签收（由上级或邮电局机要通讯员直送机要室的机要文件除外）后分别交两办机要秘书拆封。在签收和拆封时，收发员和机要秘书均需注意检查封口和邮戳。对开口和邮票撕毁函件应查明原因，对密件开口和国外信函邮票被撕应拒绝签收。

2.对上级机要部门发来的文件，要进行信封、文件、文号、机要编号的"四对口"核定，如果其中一项不对口，应立即报告上级机要部门，并登记差错文件的文号。

第五条公文的编号保管

1.两办机要秘书对上级来文拆封后应及时附上"文件处理传阅单"，并分类登记编号、保管。须由工厂承办或归档的厂领导亲启文件，厂领导启封后，也应分别交两办办理正常手续。

2.本厂外出人员开会带回的文件及资料应及时分别送交两办机要秘书进行登记编号保管，不得个人保存。

1

图8-21 “企业文件管理制度”文档效果

二、相关知识

（一）页面的构成要素

页面是指在书刊、报纸的一面中图文部分和空白部分的总和，主要包括版心和版心周围的空白部分。通过页面可以看到版式的全部设计，具体构成要素包括版心、页眉和页脚、页码、注文。

- **版心**：版心位于页面中心，容纳正文文字的部分。文档的版心大小是由文档类型决定的，版心过小，容字量就少；版心过大，有损于版式的美观。一般遵循的规则是：字与字间的空距<行与行之间的空距<段与段之间的空距<四周空白。版心宽度和高度的具体尺寸，要根据正文用字的大小、行数、字数来决定。
- **页眉和页脚**：排在版心上部的文字及符号，统称为页眉；排在版心下部的文字及符号，统称为页脚。它包括页码、文字、页眉线，一般用于显示文档的附加信息，如时间、图形、公司Logo、文档标题、文件名等。
- **页码**：多页文档中用于分辨页数的数字即为页码。一般书刊中的页码位于切口一侧。印刷行业中将页码称为“一面”，正反面两个页码称为“一页”。
- **注文**：注文又称注释、注解，是对正文内容或对某一字词所做的解释和补充说明。排在字行中的称为“夹注”，排在每面下端的称为“脚注”，排在每篇文章之后的称为“篇后注”，排在全书后面的称“书后注”。在正文中标识注文的号码称为“注码”。

（二）页面的大小和纸张类型

页面的大小称为“开本”。开本以整页纸张作为计算单位，即每页纸张可裁切和折叠成多少小张，就称多少开本。图8-22所示为我国标准纸张的计算方式。

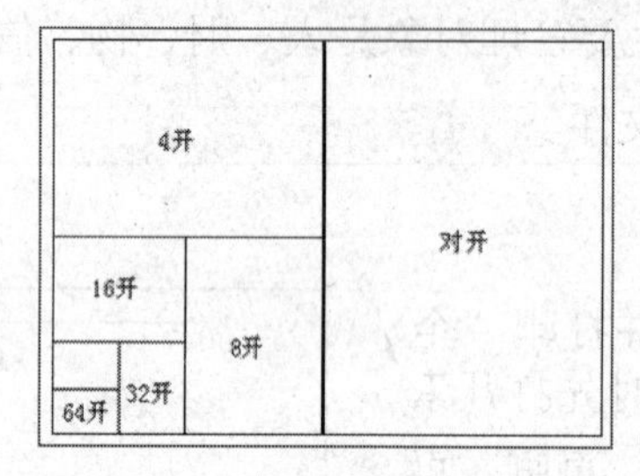

图8-22　开本规格示意图

在决定使用开本类型时，与所使用纸张的原大小有很大关系。A型和B型都是标准规格的开本，我们常见的“A4”纸就属于A系列。A系列开本与图8-22的对应关系如图8-23所示。

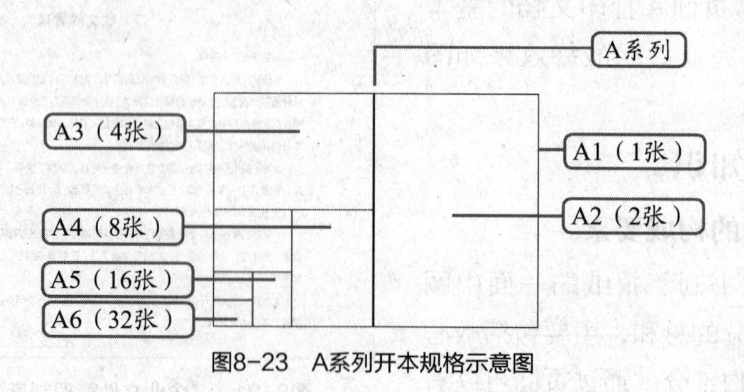

图8-23　A系列开本规格示意图

三、任务实施

（一）设置页面大小

首先打开素材文档，对页面的大小进行设置，然后调整文档的页边距，使文档内容的整体效果更加美观。其具体操作如下。（拓展微课：光盘\微课视频\项目八\设置页边距.swf）

STEP 1 打开“企业文件管理制度.docx”素材文档（素材参见：素材文件\项目八\任务二\企业文件管理制度.docx），在【页面布局】/【页面设置】组中单击“纸张大小”按钮，在弹出的下拉列表中选择“A4”选项，如图8-24所示。

STEP 2 在【页面布局】/【页面设置】组中单击“页边距”按钮，在弹出的下拉列表中选择“自定义边距”选项。

STEP 3 打开“页面设置”对话框，单击“页边距”选项卡，在“页边距”栏的“上”、“下”、“左”、“右”数值框中分别输入“2.5厘米”，单击 确定 按钮完成设置，如图8-25所示。

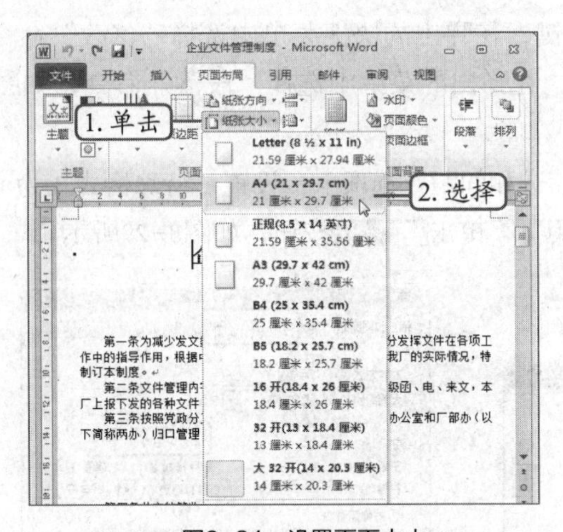

图8-24 设置页面大小

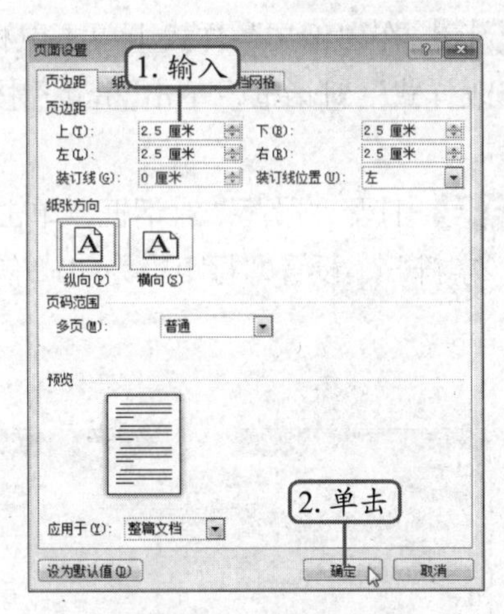

图8-25 设置页边距

（二）应用和修改标题样式

对于一篇普通的文档，标题的格式可以直接在“字体”组和“段落”组中进行设置，但对于同一级别标题较多的长文档，可以对标题应用样式来控制格式。下面先对一级标题使用“标题1”样式，再将“标题2”的样式改为“黑体，不加粗，小二”，其具体操作如下。（拓展微课：光盘\微课视频\项目八\应用样式.swf）

STEP 1 在【开始】/【样式】组中单击“对话框启动器”按钮，打开“样式”任务窗格。

STEP 2 将光标定位到一级标题中的任意位置，在“样式”任务窗格中选择“标题1”选项，为该段落应用“标题1”样式，如图8-26所示。

STEP 3 将光标定位到二级标题中的任意位置，将鼠标指针移到“标题2”选项上，单击右侧的下拉按钮，在弹出的下拉菜单中选择“修改”命令，如图8-27所示。

STEP 4 打开“修改样式”对话框，在“格式”栏的“字体”下拉列表框中选择“黑体”选项，在“字号”下拉列表框中选择“小二”选项，单击“加粗”按钮 B 取消加粗，单

击 确定 按钮完成设置。

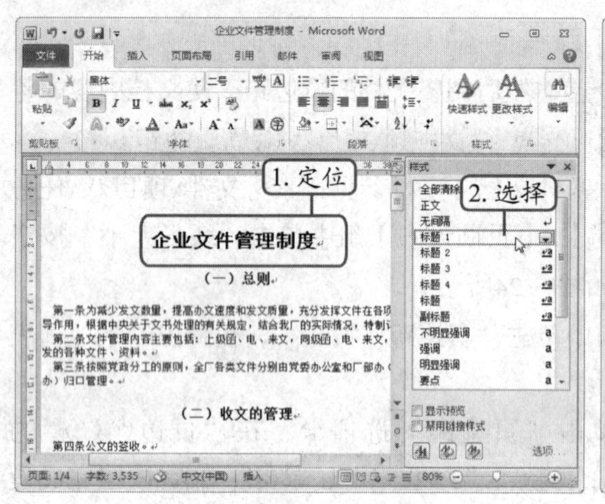

图8-26 应用“标题1”样式

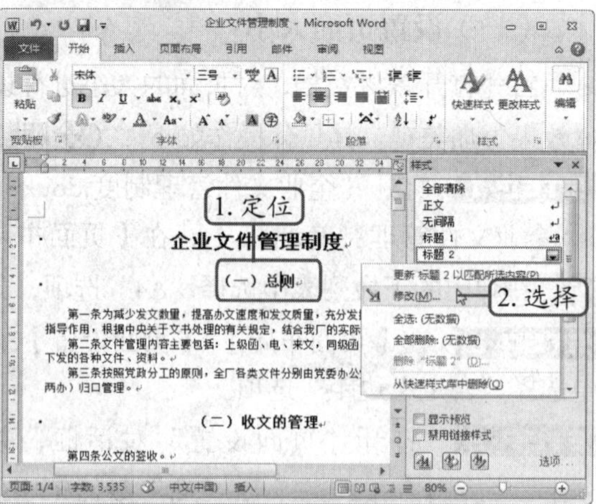

图8-27 选择“标题2”样式

STEP 5 在“正文”样式上单击鼠标右键，在弹出的快捷菜单中选择“修改”命令，打开“修改样式”对话框，单击 格式(O) 按钮，在弹出的菜单中选择“段落”命令，如图8-28所示。

STEP 6 打开“段落”对话框，单击“缩进和间距”选项卡，设置“特殊格式”为“首行缩进，2字符”，设置“行距”为“1.5倍行距”，单击 确定 按钮，如图8-29所示。

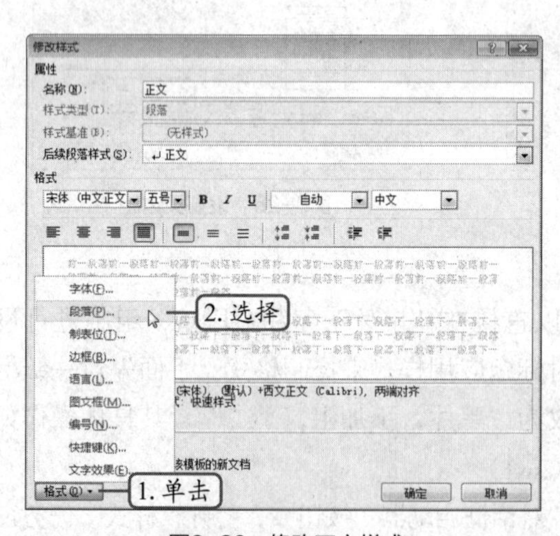

图8-28 修改正文样式

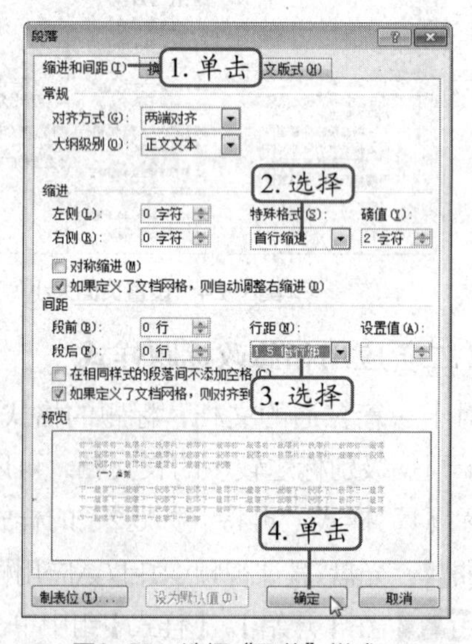

图8-29 选择“段落”样式

STEP 7 返回“修改样式”对话框，单击 确定 按钮，系统会自动为文档更新样式。

操作提示

在“修改样式”对话框的“样式基准”下拉列表框中选择“正文”选项，则当前样式会随“正文”样式的改变而改变；在“样式基准”下拉列表框中选择“无”选项，则该样式将不与其他样式相关联。

（三）设置页眉与页脚

添加页眉和页脚可对文档起到修饰的作用，通常情况下页眉为公司名称或文档名称，页脚为页码。下面为“企业文件管理制度”文档添加页眉和页脚，其具体操作如下。（拓展微课：光盘\微课视频\项目八\设置页眉和页脚.swf）

STEP 1 在【插入】/【页眉和页脚】组中单击“页眉”按钮，在弹出的下拉列表中选择“编辑页眉”选项。

STEP 2 进入页眉和页脚编辑状态，在页眉中输入“管理制度”文本，在【页眉和页脚工具-设计】/【选项】组中单击选中“奇偶页不同”复选框，单击下一节按钮，如图8-30所示。

STEP 3 切换到偶数页的页眉，输入“xxx有限责任公司”，在【页眉和页脚工具-设计】/【导航】组中单击“转至页脚”按钮，如图8-31所示。

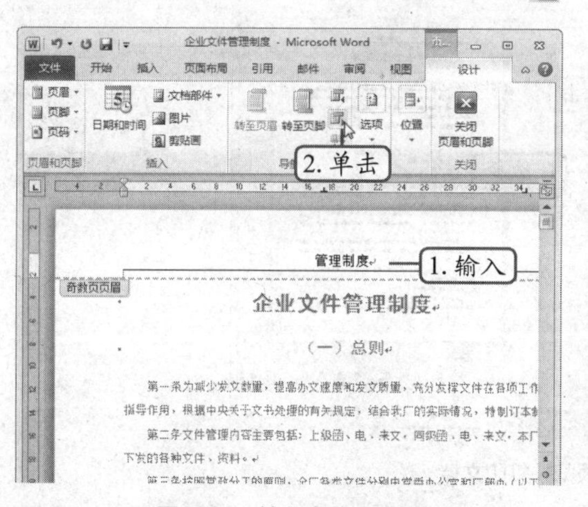

图8-30 输入奇数页页眉

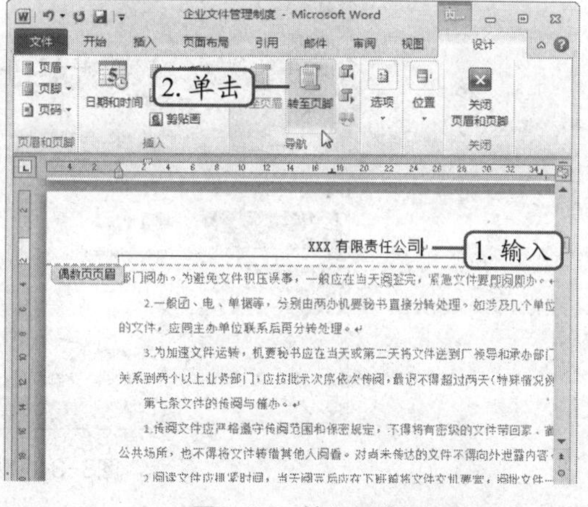

图8-31 输入偶数页页眉

STEP 4 在【页眉和页脚工具-设计】/【页眉和页脚】组中单击“页码”按钮，在弹出的下拉菜单中选择【页面底端】/【普通数字2】菜单命令，如图8-32所示。

STEP 5 在【页眉和页脚工具-设计】/【关闭】组中单击“关闭页眉和页脚”按钮，退出页眉和页脚的编辑状态，添加了页眉和页脚后的效果如图8-33所示。

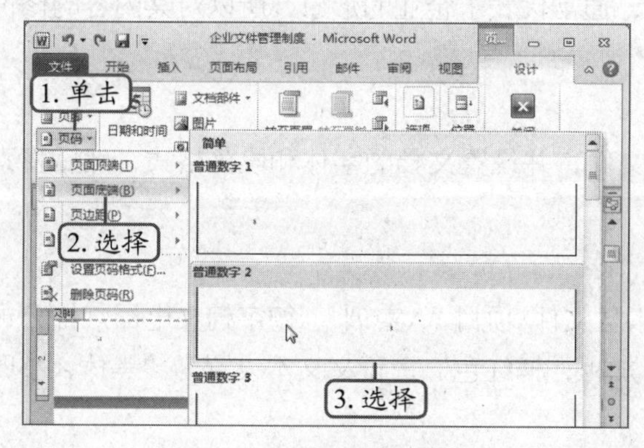

图8-32 设置页码显示方式

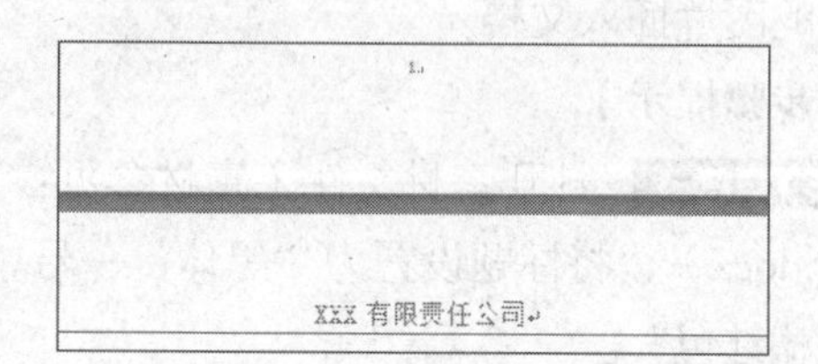

图8-33 添加页眉和页脚后的效果

（四）预览并打印文档

文档设置完成后，便可进行打印预览，打印预览可帮助用户及时发现文档中的错误并加以更正，最后可以通过打印设备将文档打印出来。在执行打印操作前，应先确定打印方案，即选择打印机，设置打印机属性、打印份数、单面打印等。其具体操作如下。（拓展微课：光盘\微课视频\项目八\打印文档.swf）

STEP 1 选择【文件】/【打印】菜单命令，在打开的窗口右侧预览文档的打印效果，检查设置栏中的属性是否正确。

STEP 2 在“打印机”下拉列表中选择当前安装的打印机名称，单击“打印”按钮，如图8-34所示（最终效果参见：效果\项目8\任务二\企业文件管理制度.docx）。

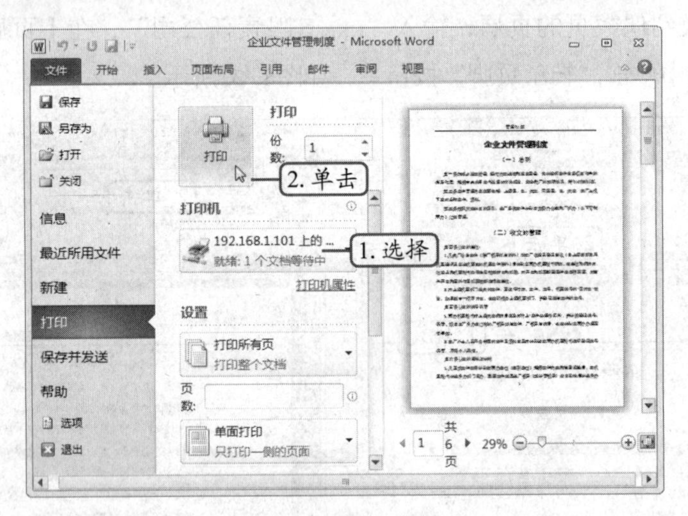

图8-34 预览并打印文档

实训一 制作“公司简介”文档

【实训要求】

公司简介主要用来宣传企业文化、规模、结构和主要经营范围等内容，通常用于招聘、招标、融资等场合。公司简介文档的编排，通常代表了企业的形象，所以对其内容的修饰和设置尤为重要。

【实训思路】

本实训首先在Word 2010中打开素材文件，并设置文档的字体和段落格式，然后将素材中的图片插入文档。

【步骤提示】

STEP 1 打开素材文件（素材参见：素材文件\项目八\实训一\德宇柯文电器灯饰公司简介.docx），将标题设置为“黑体，一号，加粗，橘红色”，正文文本设置为“黑体，小四，深橘红色”。

STEP 2 在第二段“公司经过多年的研制与创建，”文本右侧插入图片1，并将其自动换行设置为“四周型环绕”。

STEP 3 在最后一段文本前插入图片2，将其调整为现在的1/4的大小，并自动换行设置为“四周型环绕”，并对位置进行调整。

STEP 4 最后为页面添加“艺术型”边框效果，如图8-35所示（效果参见：效果文件\项目八\实训一\德宇柯文电器灯饰公司简介.docx）。

德宇柯文电器灯饰公司简介

德宇柯文电器灯饰有限责任公司是一家集产品设计、开发、装配于一体的大型专业灯具生产企业，占地面积5600平方米，建筑面积3700平方米。

公司经过多年的研制与创建，目前已拥有十大系列、上千种品种及规格的灯具，主要包括：家装灯具、路灯灯具、投光灯具、商业灯具、庭院灯具、草坪灯具、隧道灯具、高杆灯具、防腐灯具、埋地灯具等，同时，公司积极吸取国外先进产品的特点与优点，不断开发出节能、环保、美观而又实用的新产品，采用

图8-35 “公司简介”文档效果

实训二 设置并打印“商业企划”文档

【实训要求】

商业企划是指在战略导向下通过确定的商业模式实现阶段性战略目标的一切计划和行动方案。打开素材文档，创建新样式控制文档中的编号段落，为不同的标题段落应用样式，调整文档整体效果。

【实训思路】

本实训主要创建和样式，并为文档应用样式格式。首先打开“样式和格式”任务窗格，然后设置标题和副标题格式，创建“编号”样式，最后将对应的样式应用到文档中。

【步骤提示】

STEP 1 打开素材文档（素材参见：素材文件\项目八\实训二\商业企划.docx），在【开始】/【样式】组中单击“对话框启动器”按钮，打开“样式”任务窗格。

STEP 2 设置标题文本格式为“幼圆、24、加粗、居中”，设置副标题文本格式为“幼圆、16、居右”。

STEP 3 选择“1、2.、3……6”编号下的文本，单击“新建样式”按钮，在打开的对话框中设置样式名称为“编号”，段落格式为“悬挂缩进，2字符”，制表符大小为“2字符”。

STEP 4 为文档中标题分别应用“样式”任务窗格中对应的样式，效果如图8-36所示（效果参见：效果文件\项目八\实训一\商业企划.docx）。

STEP 5 预览并打印“商业企划”文档。

建立销售管理与系统架构操作平台

——蓝雨集团销售公司商业企划

一、背景与实施方案

经过2011年的奋斗，蓝雨集团成功改制并建立起了一套行业内较为先进的合作伙伴制销售系统。依托于此合作伙伴制系统，蓝雨集团下属销售公司2011年成功地完成了10个亿的销售额。

然而，在红茶饮料崛起的同时，也遭到了市场各类饮料的竞争阻击，2012年我们将面对更大的竞争压力，更多的自我挑战，因为2012年我们将要完成20个亿的销售目标。要实现销售额的翻番，我们需要更有竞争力的销售管理与系统架构操作平台的支持！

整个销售管理与操作平台于2012年4月正式启动建设，在2012年5月底之前结束建设，这一期间，我们将以全新的、更有竞争力的销售管理与系统架构操作平台迎接2012年的旺季，创造蓝雨集团的第二次腾飞！

二、全新架构的信息管理

信息系统的科学化运作是其他系统得以科学化运作的基础，因此建议销售系统改革从信息系统开始。

随着集团经营品牌的不断增加和市场竞争的不断加剧，产品经营管理的难度也不断增加。为保持并提高竞争力，销售公司再次进行重组，将组织架构和员工素质提升至更高的层次。然而，要发挥出新系统的真正实力，一流硬件还需配置一流软件。因此，系统流程也需要随之进行全面升级。

科学全面的信息收集系统，是做出正确判断、形成决策的前提条件。每一个

图8-36 “商业企划”文档效果

常见疑难解析

问：Word 2010如何将打印的文档设置为双面打印？

答：选择【文件】/【打印】菜单命令，在打开的窗口“设置”栏的“单面打印”下拉列表框中选择“手动双面打印”选项。进行手动双面打印时，打印机会先打印奇数页，奇数页打印完成后，将打开提示对话框提示用户手动换纸，此时即可将打印完成的纸张重新放入打印机纸盒中打印偶数页。

问：如何像报刊或杂志中那样突出显示段落的第一个字？

答：设置段落中的第一个字以突出显示即设置首字下沉。选择要设置首字下沉的段落，在【插入】/【文本】组中单击“首字下沉”按钮，在打开的下拉列表中选择所需的样式。

拓展知识

（一）中文排版的规则

在中文排版中，符号一般占一个字符的位置，它由半角大小的符号和半角大小的空格组成，如图8-37所示。

图8-37 半角符号与半角空格组成占一个字符位置

但在某些特殊的情况下，如将括号与标点符号一起使用时，占有的位置大小就不一定符合加空格的形式。下面列举几种括号与引号的空格位置处理方式。

- 反引号与正括号重合时，其间的空格大小为两个半角空格位置。
- 反引号与反括号（或正引号与正括号）重合时，其间采用默认值排版。
- 当反引号下方有标点时，也采用默认值排版，标点之后为两个半角空格大小。
- 标点之后为反引号时，其间为默认值排版，引号之后为两个正半角空格大小。
- 标点之后为正括号时，采用两个半角空格大小。

引号、逗号、括号等符号在文档中不同位置重合时，对空格个数的要求也不同，如图8-38所示。

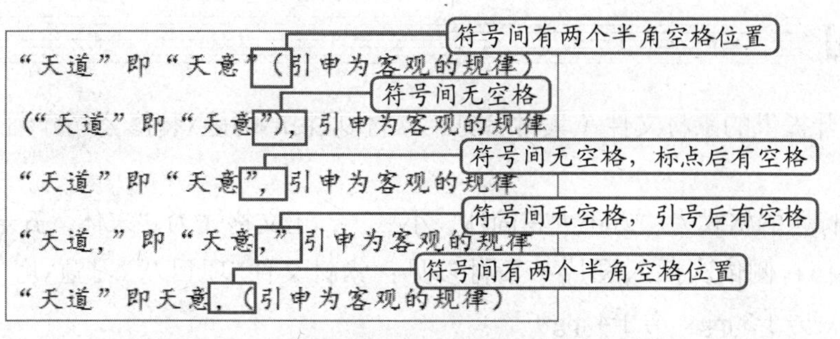

图8-38 引号、逗号、括号等符号间的空格关系

合理地安排空格，可以使括号内的内容和括号外的内容联系更加紧密。除了引号、括号、引号重合时加空格处理外，引号在段首和行首的处理可以让文档的层次更加分明。引号出现在段首或行首时，空格处理方式有以下3种。

- 当段首的正引号空出一个全角和半角空格时，换行处的正引号空出一个半角空格。
- 当段首的正引号处空出一个半角空格时，换行处的正引号空出一个半角空格。
- 当段首的正引号空出一个全角空格时，换行处的正引号同样顶格处理。

（二）使用艺术字

艺术字广泛应用于宣传、广告、商标、标语、黑板报、展览会、商品包装等，其字体特点为符合文字含义，具有美观有趣、易认易识、醒目张扬等特性，是一种有图案意味或装饰意味的字体变形。

艺术字和图片一样都是用来美化文档的，在文档中使用艺术字有以下两种方法。

- **插入艺术字**：将鼠标光标定位在文档中，单击【插入】/【文本】组中“艺术字”按钮，在弹出的下拉列表中选择要插入的艺术字样式，选定后将在文档光标处插入一个文本占位符，按提示输入文本即可，如图8-39所示。
- **为已输入的文本应用艺术字**：对一段文本的其中一部分应用艺术字，可通过先选择要添加艺术字的文本，单击【开始】/【字体】组中的“文本效果”按钮，在弹出的下拉列表中选择需要的艺术字效果来实现，如图8-40所示。

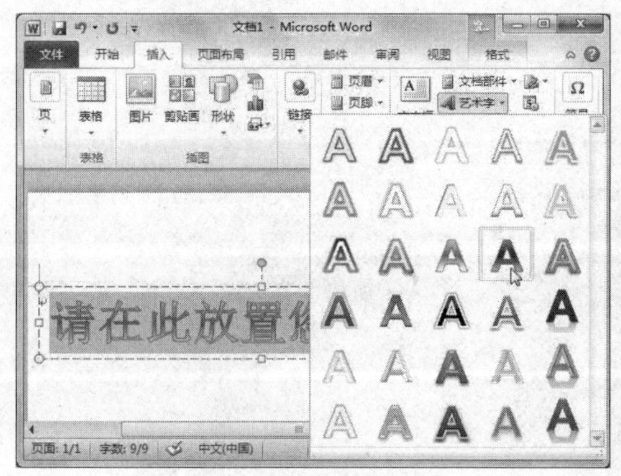

图8-39 插入艺术字

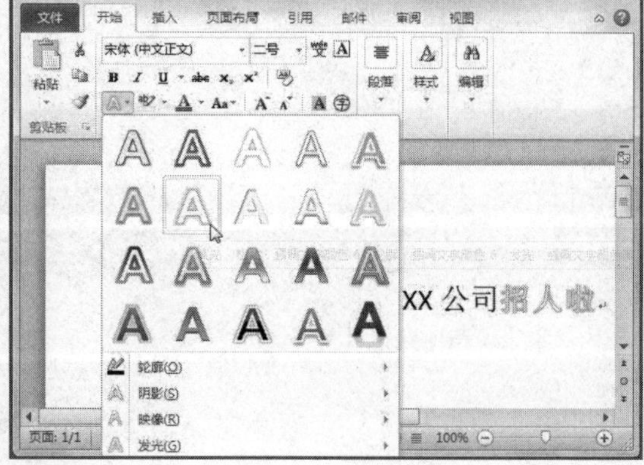

图8-40 应用艺术字

课后练习

（1）打开提供的素材文件（素材参见：素材\项目8\习题\装修公司介绍.docx），并执行以下操作。

- 设置标题的格式为“方正大黑简体，小二”，正文格式为“宋体，五号，绿色”。
- 在文档右侧依次插入图片（素材参见：素材文件\项目八\习题\房子1.jpg，房子2.jpg，房子3.jpg，房子4.jpg）。
- 插入文本框，依次命名为：田园风格，地中海风格，现代简约风格，中式风格。

（2）打开提供的素材文件（素材参见：素材\项目8\习题\市场调查报告.docx），并执行以下操作。

- 设置一级标题的格式为“黑体，小二，加粗，居中”。
- 打开“段落”对话框，设置间距、行距、缩进等。
- 打开“样式”任务窗格，为二级标题应用“样式1”样式。打开“修改样式”对话框，单击格式(O)按钮，在打开的对话框中设置罗马数字“编号”样式。
- 选择“对Excel图书有哪些要求”段落下方的内容文本，打开“修改样式”对话框，单击格式(O)按钮，在打开的对话框中创建“项目符号”样式✦。
- 在“1、调查对象的基本信息”标题下方插入表格，并将素材记事本文件的内容录入到表格中（素材参见：素材文件\项目八\习题\调查对象的基本信息.txt）。
- 插入页眉“调查报告”和页脚“制作人：xxx”。

附录A 98版五笔字型输入码元键盘分布图

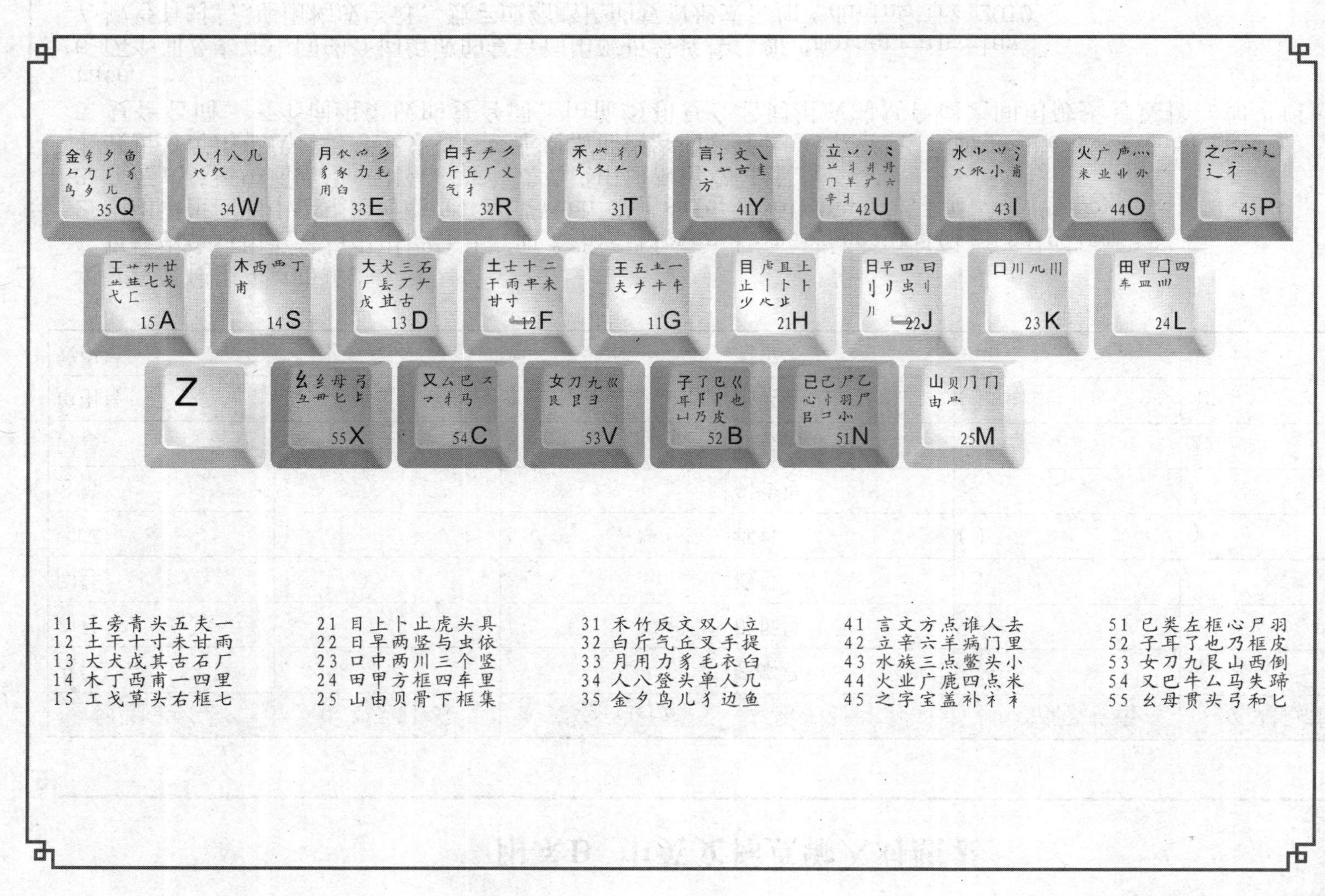

11 王旁青头五夫一
12 土干十寸未甘雨
13 大犬戊其古石厂
14 木丁西甫一四里
15 工戈草头右框七

21 目上卜止虎头具
22 日早两竖与虫依
23 口中两川三个竖
24 田甲方框四车里
25 山由贝骨下框集

31 禾竹反文双人立
32 白斤气丘叉手提
33 月用力豸毛衣臼
34 人八登头单人几
35 金夕鸟儿犭边鱼

41 言文方点谁人去
42 立辛六羊病门里
43 水族三点鳖头小
44 火业广鹿四点米
45 之字宝盖补礻衤

51 已类左框心尸羽
52 子耳了也乃框皮
53 女刀九艮山西倒
54 又巴牛厶马失蹄
55 幺母贯头弓和匕

附录B 中英文标点输入对照表

标点符号名称	中文标点样式	英文标点样式	标点符号名称	中文标点样式	英文标点样式
逗号	，	,	省略号	……	…
句号	。	.	破折号	——	—
问号	？	?	撇号	无	'
感叹号	！	!	括号	（ ）	()
分号	；	;	斜线号	无	/
冒号	：	:	顿号	、	无
单引号	‘ ’	"	书名号	《》	无
双引号	“” 或『 』	""	着重号	·	无

英文符号使用注意事项：

1. 直接引语时用逗号与引用语分开，如“This flower is very beautiful,” said Tom.
2. 引用语里面的引语用逗号隔开，如“When Tom said, ‘Not Funny’, I’m very happy.”
3. 在英式英语中通常用单引号，在美式英语中通常用双引号。
4. 破折号可用于代替冒号或分号，表示对前面内容的解释、总结或结论，如“—he is a good gay.”
5. 复合名词、多个词组组成的复合词、由前缀和复合名词组成的复合词之间用破折号连接，如“first—rate.”
6. 两个词及夹在中间的介词组成的复合词用破折号连接，如“mother—in—law.”
7. 撇号有时与s连用构成字母、数字或缩略语的复数形式，如“during the 2010’s .”

职业院校
立体化精品
系列规划教材

- 中英文打字
- 五笔打字教程
- 文秘办公自动化
- 文字录入与编辑立体化教程
- 常用工具软件立体化教程
- 计算机组装与维护立体化教程
- Office 2003 办公软件应用立体化教程
- Office 2007 办公软件应用立体化教程
- Photoshop CS4 图像处理教程
- Flash CS4 动画设计教程
- CorelDRAW X4 图形设计教程
- 网页设计与制作（Photoshop+Dreamweaver+Flash）立体化教程

丰富的教学资源

教学演示动画

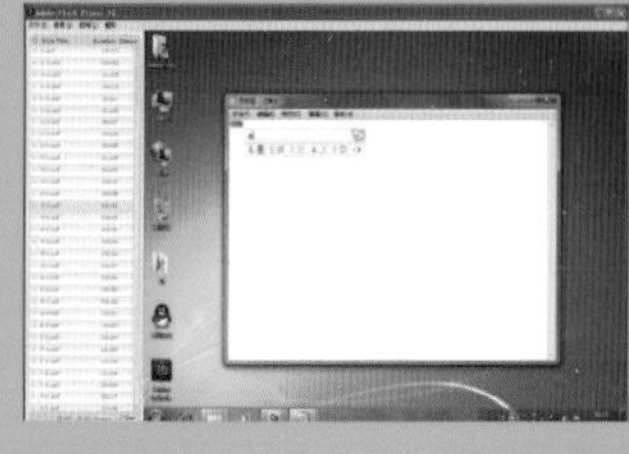

实训和习题演示

微课视频

教学教案

PPT 教案

试题库

免费提供
PPT等教学相关资料

人民邮电出版社
教学服务与资源网
www.ptpedu.com.cn

教材服务热线：010-81055256
反馈／投稿／推荐信箱：315@ptpress.com.cn
人民邮电出版社教学服务与资源网：www.ptpedu.com.cn

封面设计：董志桢

ISBN 978-7-115-35209-5
定价：24.00元